全国职业院校建筑类专业教材

# 安装工程识图习题册

曾平◎主编

中国劳动社会保障出版社

## 简介

本习题册与全国职业院校建筑类专业教材《安装工程识图》配套使用，按照教材章节顺序编写，设有填空题、名词解释、简答题、实训题等多种题型，供学生练习巩固使用。

本习题册由曾平主编，杨兆香参加编写。

**图书在版编目（CIP）数据**

安装工程识图习题册 / 曾平主编 . -- 北京 : 中国劳动社会保障出版社，2024
全国职业院校建筑类专业教材
ISBN 978-7-5167-6351-3

Ⅰ. ①安… Ⅱ. ①曾… Ⅲ. ①建筑安装 - 建筑制图 - 识图 - 职业教育 - 习题集 Ⅳ. ①TU204.21-44

中国国家版本馆 CIP 数据核字（2024）第 059754 号

**中国劳动社会保障出版社出版发行**
（北京市惠新东街 1 号 邮政编码：100029）

*

三河市华骏印务包装有限公司印刷装订 新华书店经销

787 毫米 ×1092 毫米 8 开本 6 印张 152 千字
2024 年 4 月第 1 版 2024 年 4 月第 1 次印刷
**定价：14.00 元**

营销中心电话：400-606-6496
出版社网址：http://www.class.com.cn
http://jg.class.com.cn

目录
CONTENTS

# 仿宋字练习

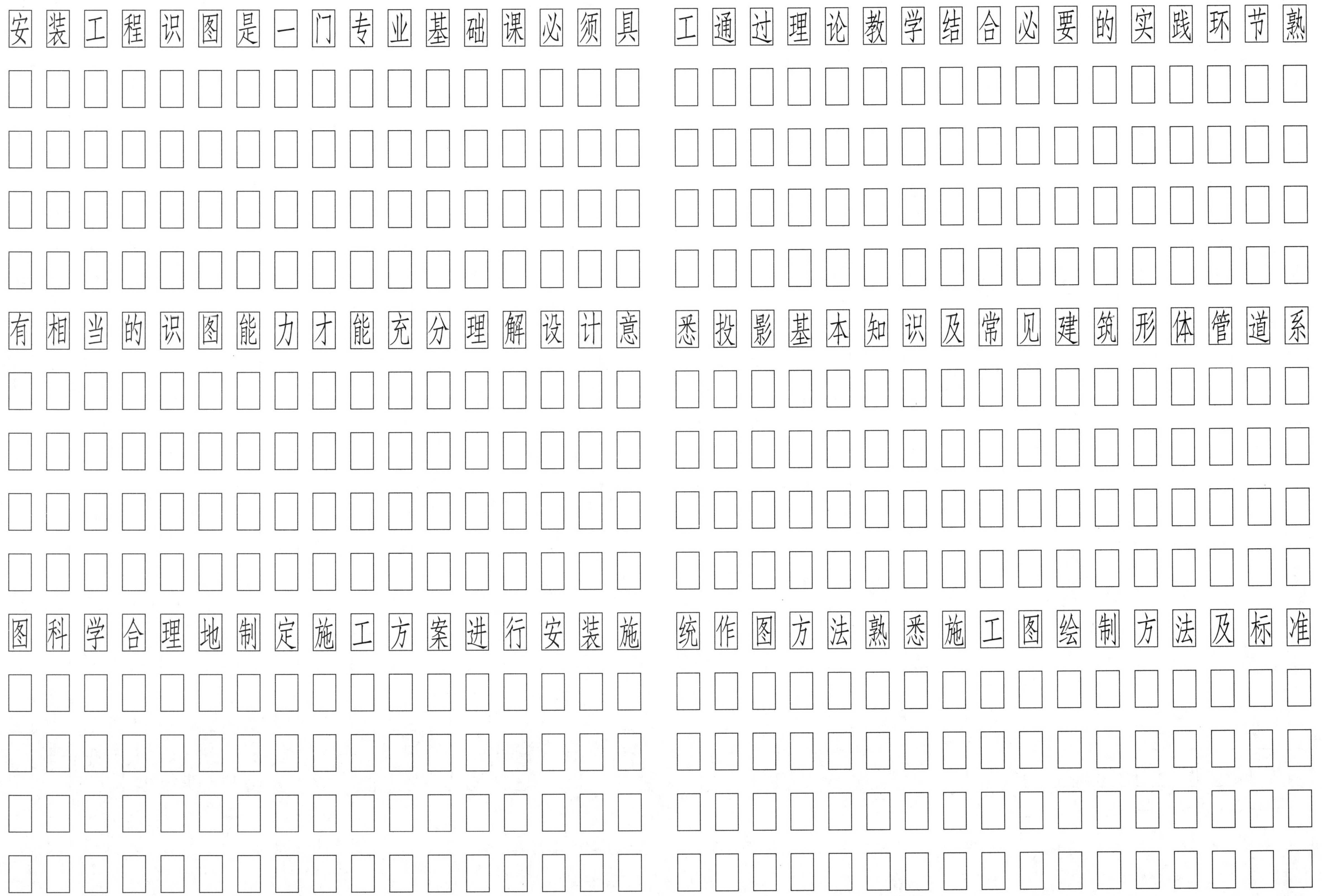
安装工程识图是一门专业基础课必须具
有相当的识图能力才能充分理解设计意
图科学合理地制定施工方案进行安装施
工通过理论教学结合必要的实践环节熟
悉投影基本知识及常见建筑形体管道系
统作图方法熟悉施工图绘制方法及标准

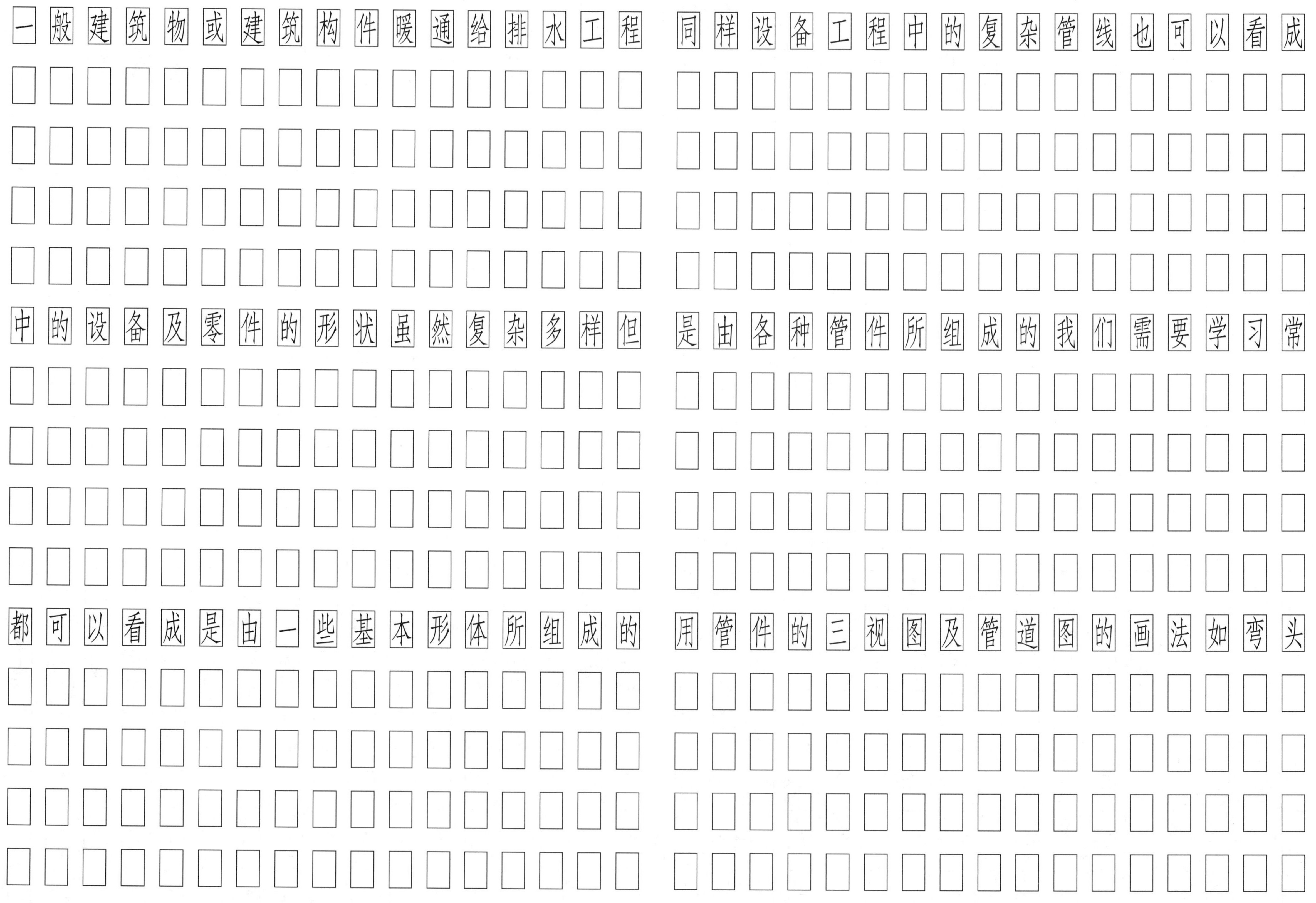

一般建筑物或建筑构件暖通给排水工程
中的设备及零件的形状虽然复杂多样但
都可以看成是由一些基本形体所组成的
同样设备工程中的复杂管线也可以看成
是由各种管件所组成的我们需要学习常
用管件的三视图及管道图的画法如弯头

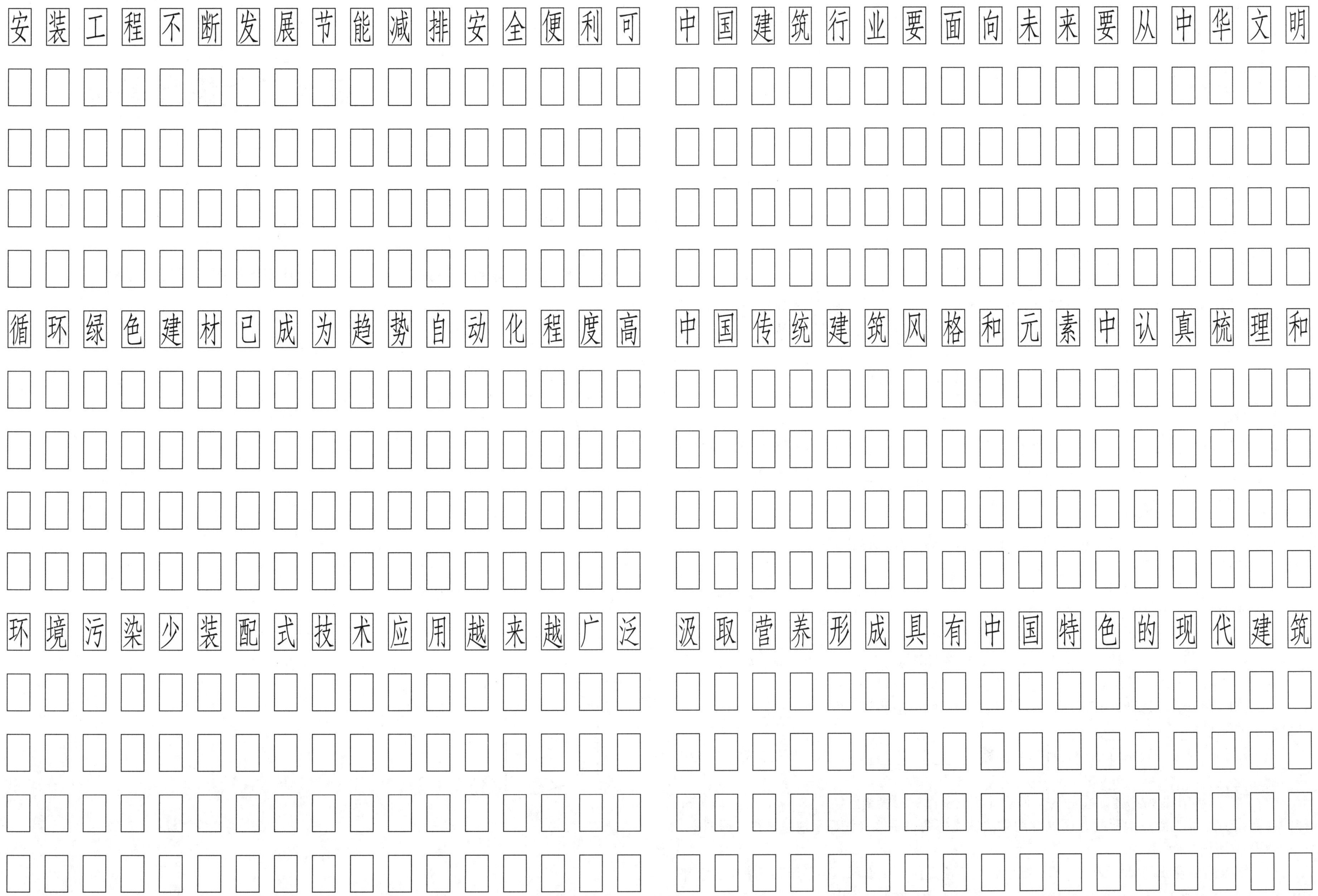


安装工程不断发展节能减排安全便利可
循环绿色建材已成为趋势自动化程度高
环境污染少装配式技术应用越来越广泛
中国建筑行业要面向未来要从中华文明
中国传统建筑风格和元素中认真梳理和
汲取营养形成具有中国特色的现代建筑

# 安装工程识图基础知识

## 一、填空题

1. 投影的三要素是______________、投影面和________________。

2. 物体的正投影就是将通过物体各顶点的____________与投影面的交点连接起来得到的图形。

3. 正投影法的基本特点是：被投影的物体在观察者与_________之间；投射线_________，且垂直于__________；投影不受____________________以及物体与投影面之间距离的影响。

4. 对于一个点，无论从哪一个方向进行投影，所得到的投影仍然是____________。

5. 在直线的正投影中，当直线平行于投影面时，它的投影是_______________，且____________；当直线垂直于投影面时，它的投影是_________________；当直线倾斜于投影面时，它的投影是__________________。

6. 在平面的正投影中，当平面平行于投影面时，它的投影反映平面的真实形状，即_________；当平面垂直于投影面时，它的投影是________________；当平面倾斜于投影面时，它的投影是__________________。

7. 所谓三视图就是指主视图、______________和______________。

8. 在三面投影图中，主视图反映物体的长和高，俯视图反映物体的______________，左视图反映物体的__________________。

9. 在正立投影面上的投影图叫作__________，在管道工程图中称为立面图；在水平投影面上的投影图叫作水平投影图，在管道工程图中称为__________；在侧立投影面上的投影图叫作__________，在管道工程图中称为__________。

10. 三面正投影的“三等”关系中，长对正是指立面图与__________长对正，高平齐是指__________与侧面图高平齐，宽相等是指平面图与_________宽相等。

11. 忽略管子壁厚，将管子和管件用两根线条表示的方法通常称为_________，由这种方法画成的图样称为__________。

12. 用单根粗实线表示管子和管件的方法称为____________，由这种方法画成的图样称为__________。

13. 当投影中出现两根管子重叠时，假想前（上）面一根管线已经___________一段，这样便显露出后（下）面一根管线，用这样的方法就能把两根重叠管线显示清楚。在工程图中，把这种表示管线的方法称为___________________。

14. 如果两路管线的投影交叉，那么高的管线不论是用单线表示，还是用双线表示，它都显示_________；低的管线在单线图中用__________表示，在双线图中用_________表示。

15. 轴测图有____________和___________两种。

16. 空间相互平行的直线，它们的轴测投影_____________。

17. 在斜等轴测图中，轴向角 *XOZ* 为________度，轴向角 *XOY* 和 *YOZ* 为_________度。

## 二、根据主视图完成下列管件的三视图，并画出其双线图及单线图

1. 短管

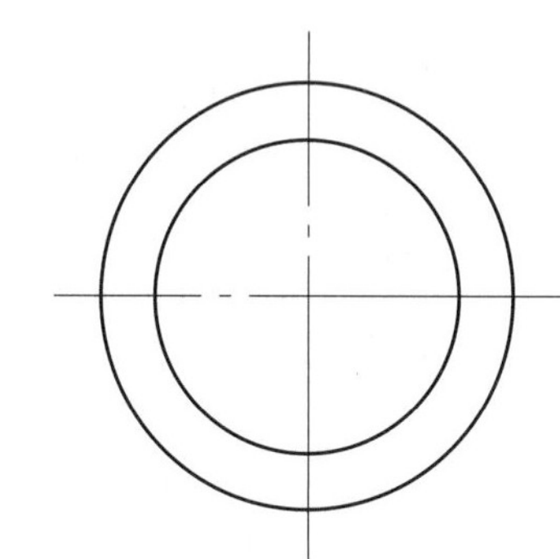

2. 同心大小头

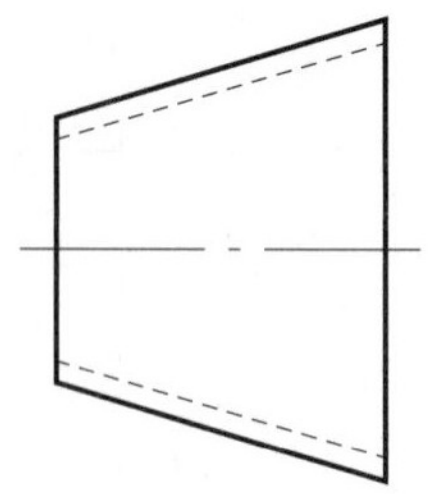

3. 偏心大小头

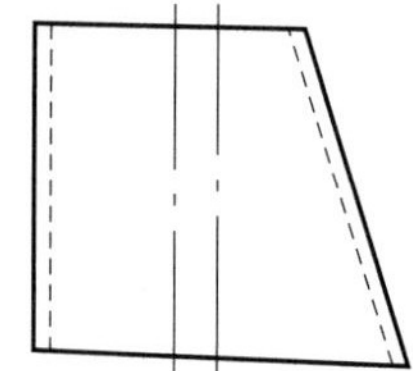

4. 等径三通

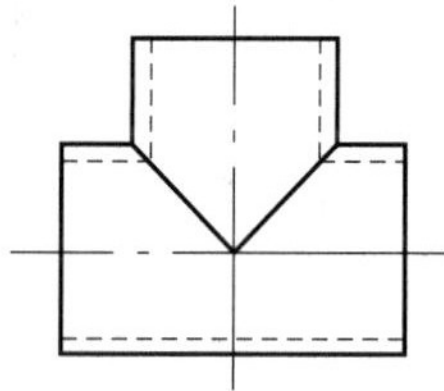

5. 异径三通

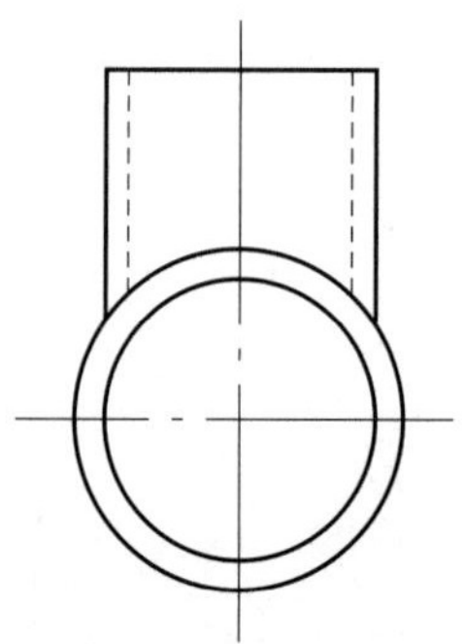

6. 弯头

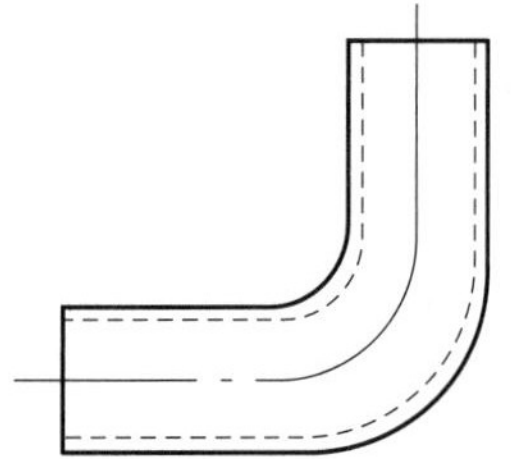

## 三、根据管道平面图判断管道高、低位置

1.

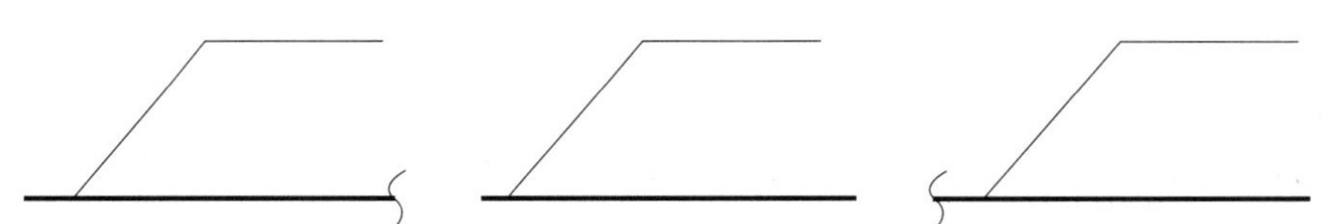

2.

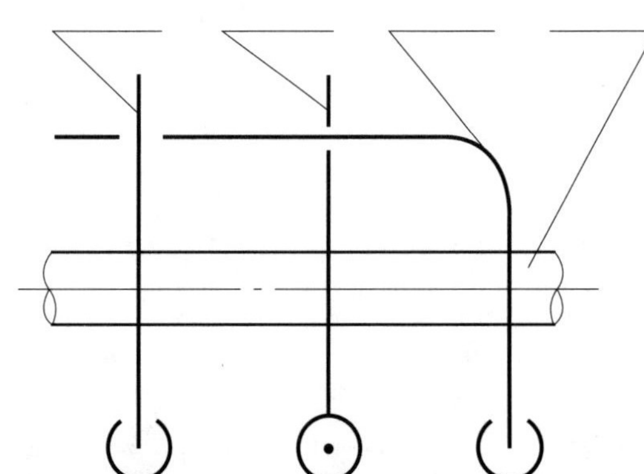

3.

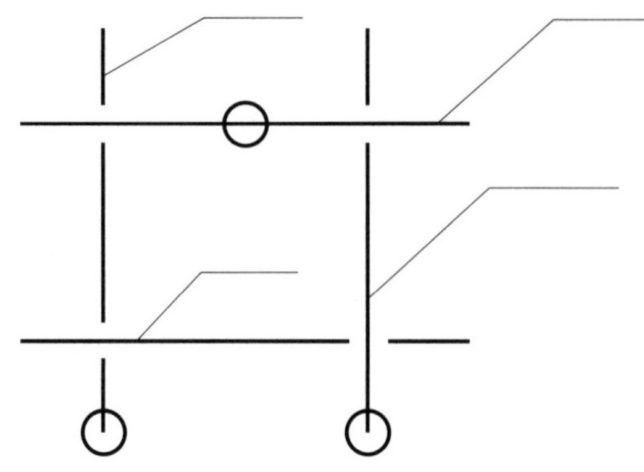

4.

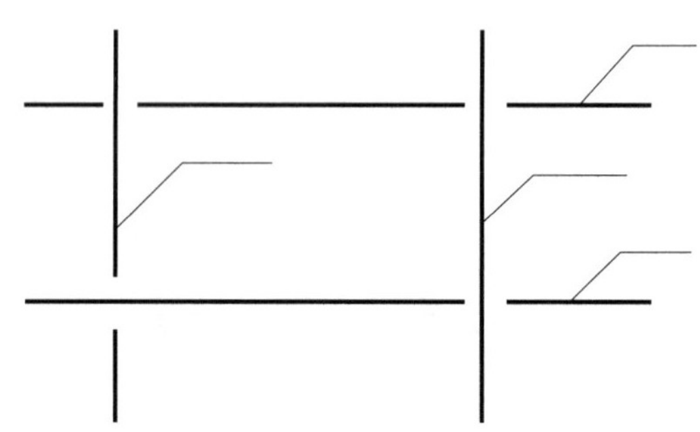

**四、根据立面图绘制平面图（平面尺寸自定）**

1.

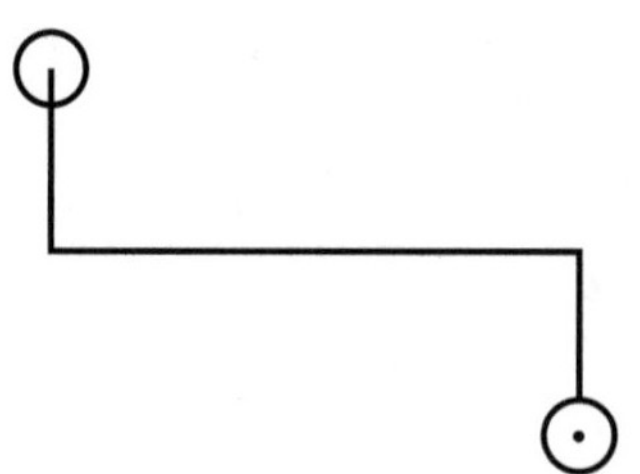

2.

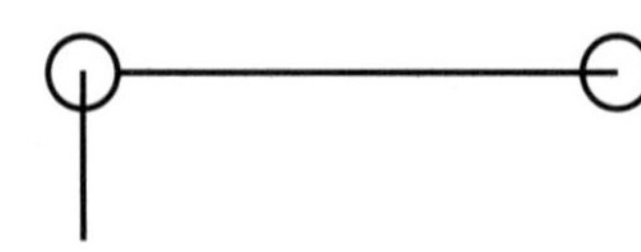

3.

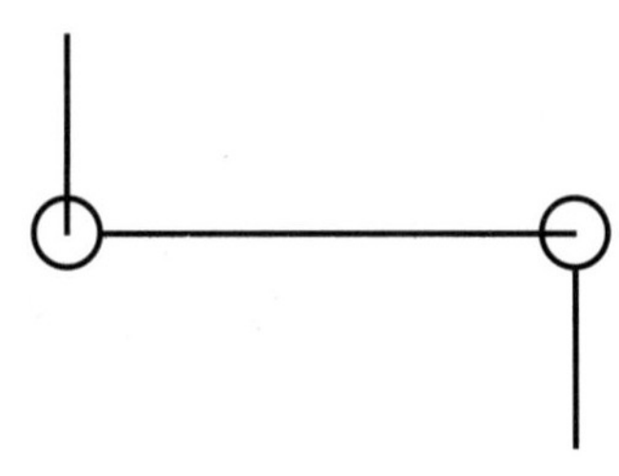

4.

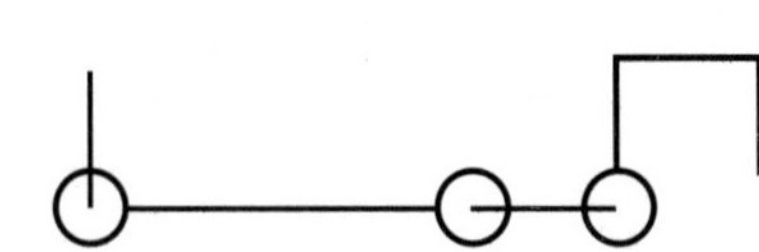

5.

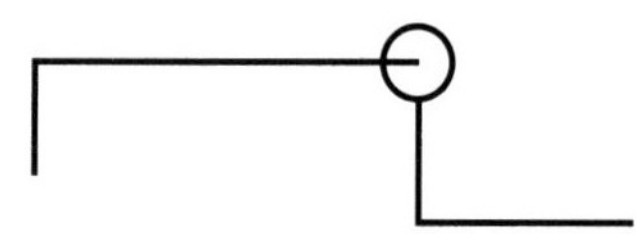

6.

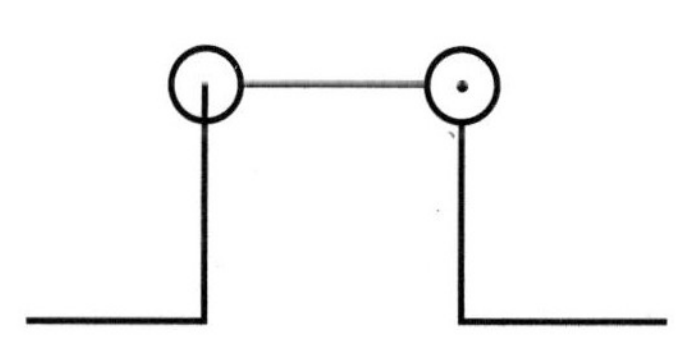

7.

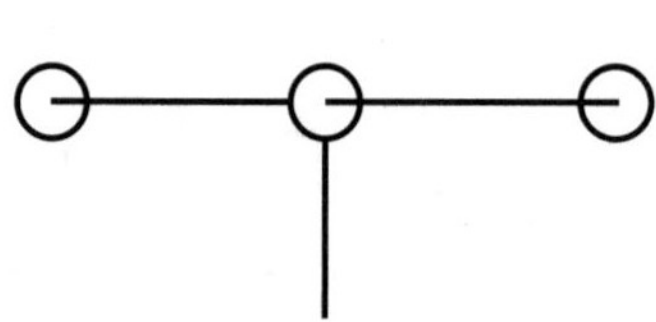

8.

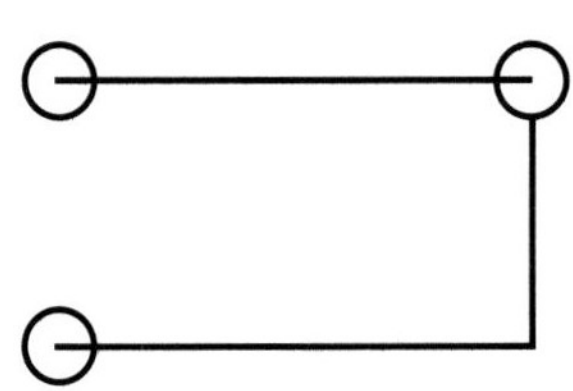

9.

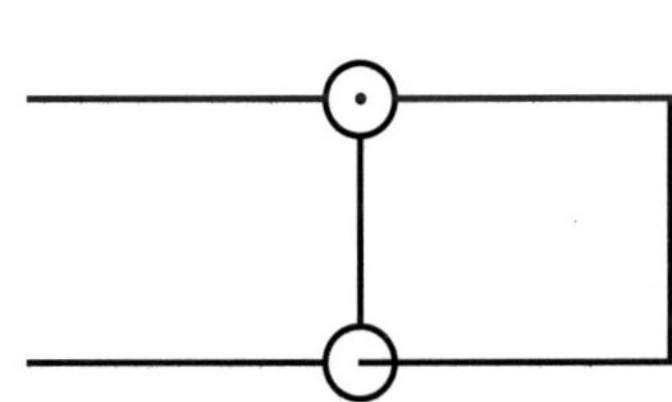

10.

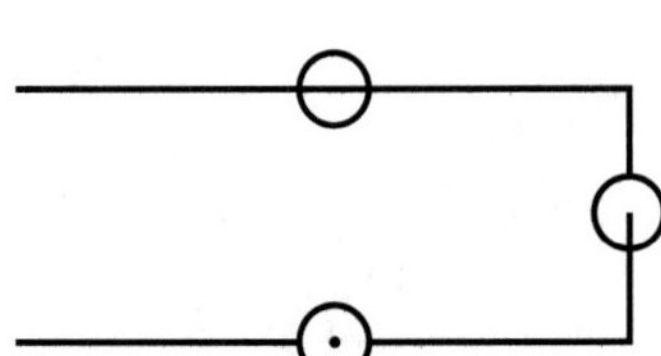

11.

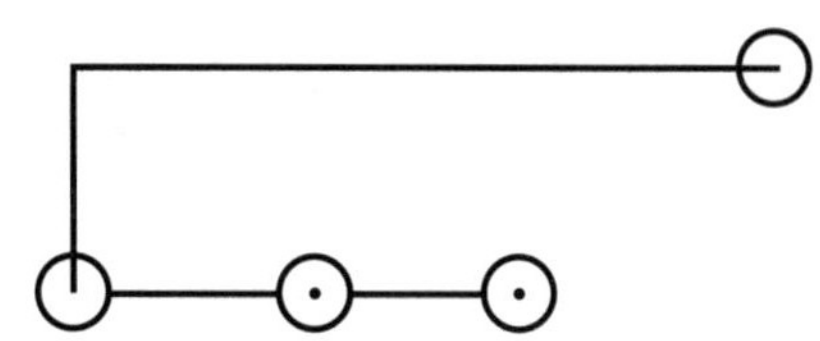

12.

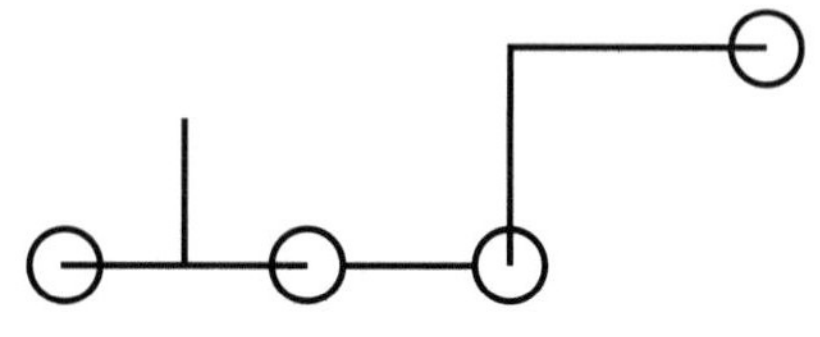

## 五、根据下列管件的平、立面图，绘制其轴测图

1.

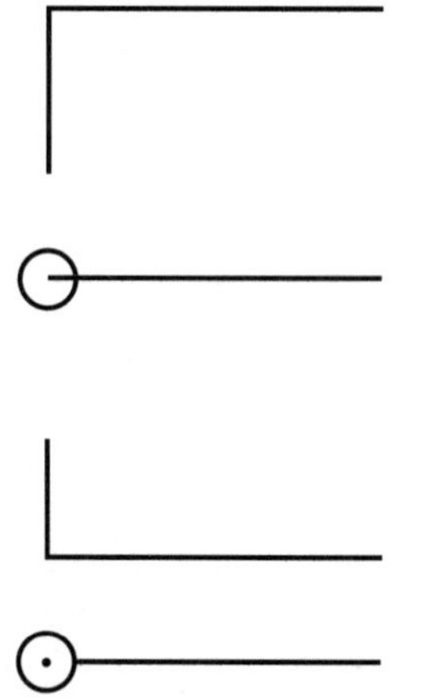

2.

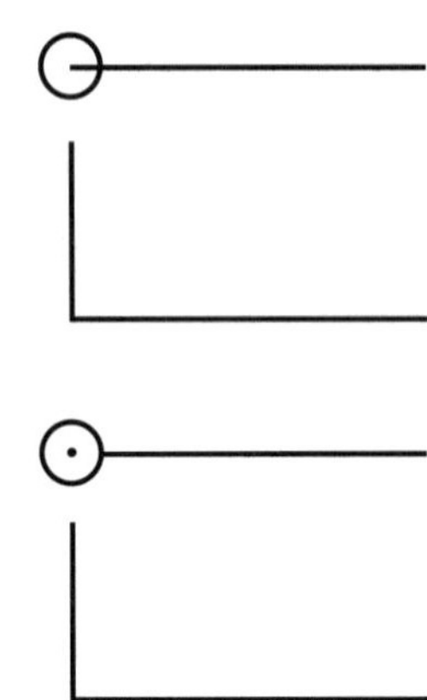

3.

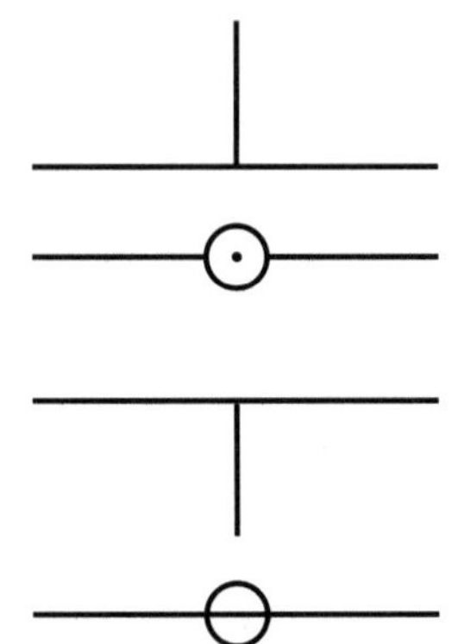

4.

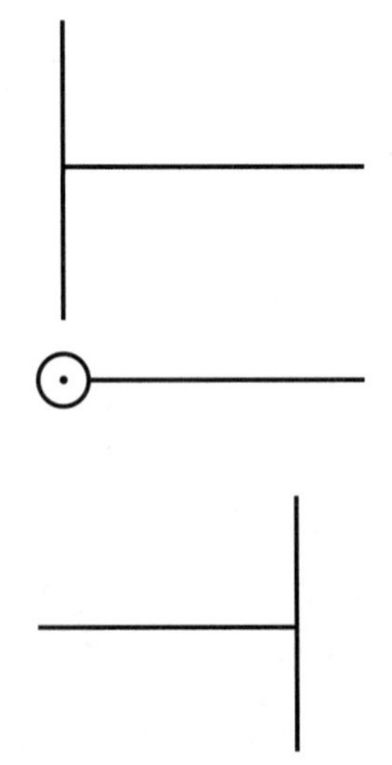

5.

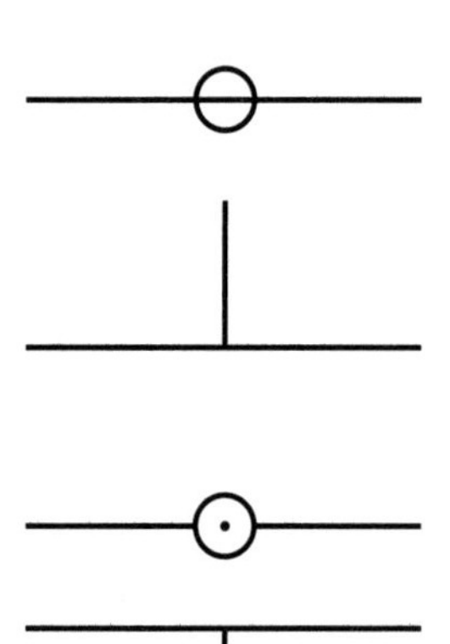

6.

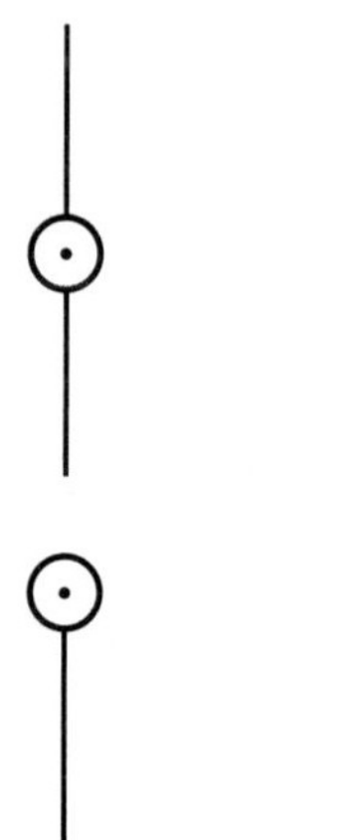

7.

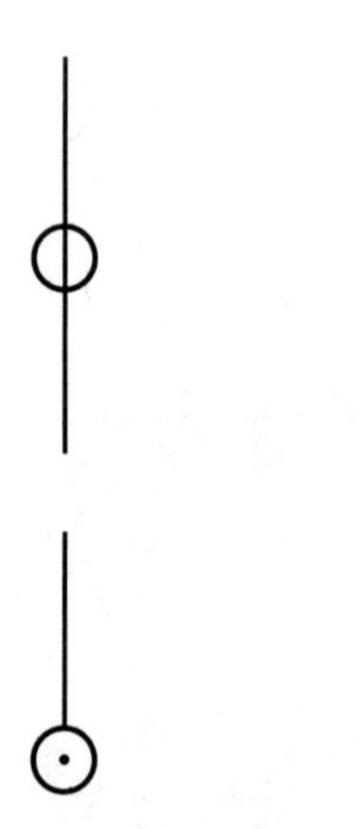

## 六、根据下列管线的平、立面图，绘制其轴测图

1.

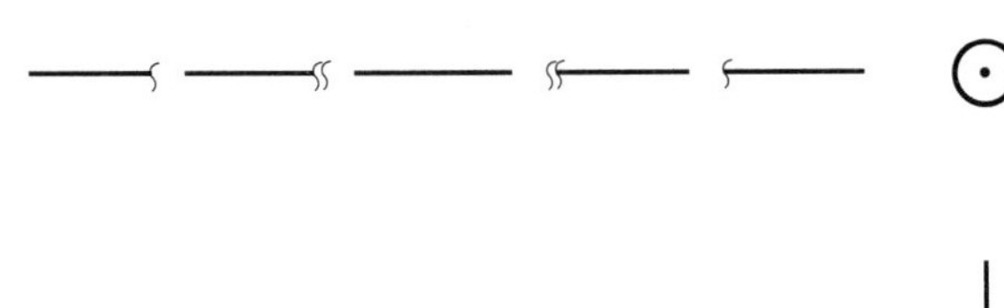

2.

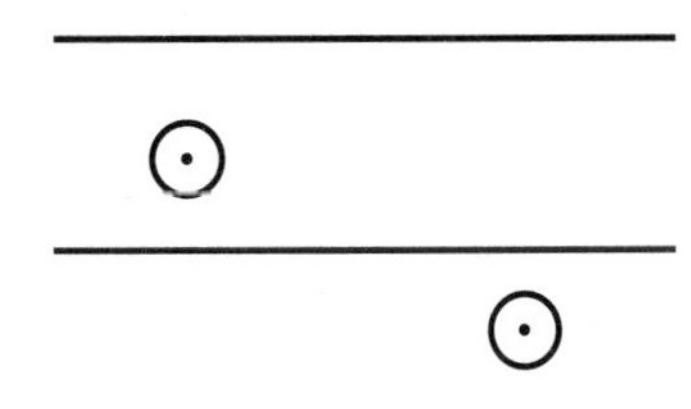

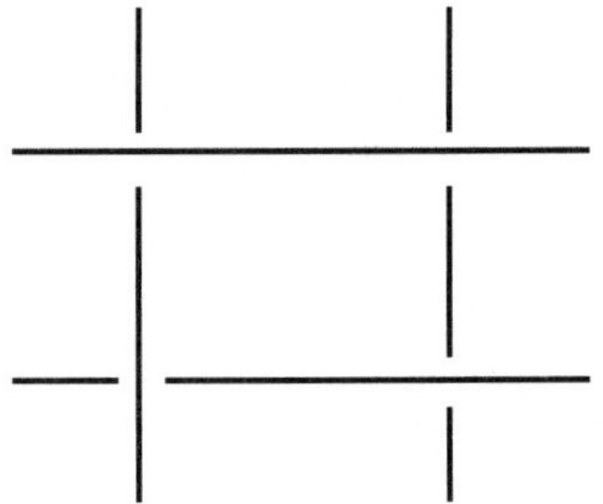

3.

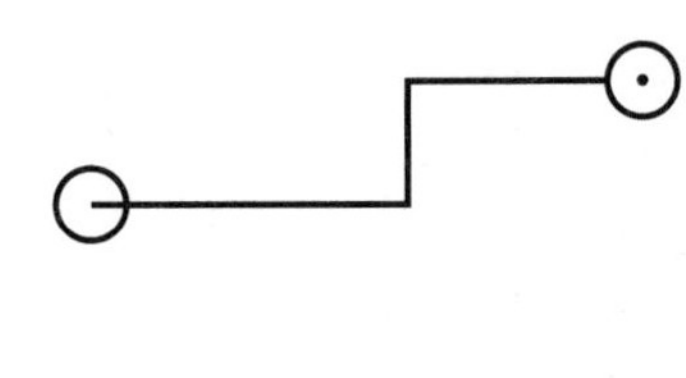

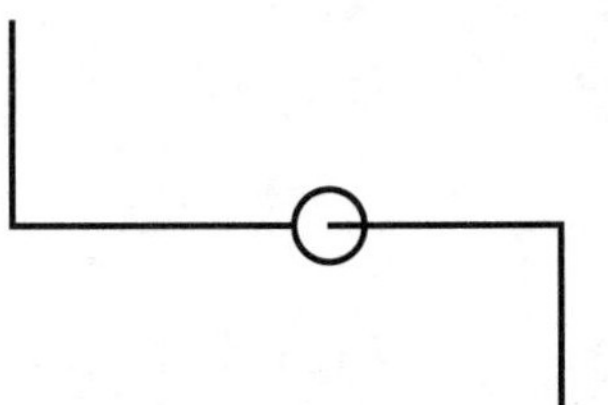

4.

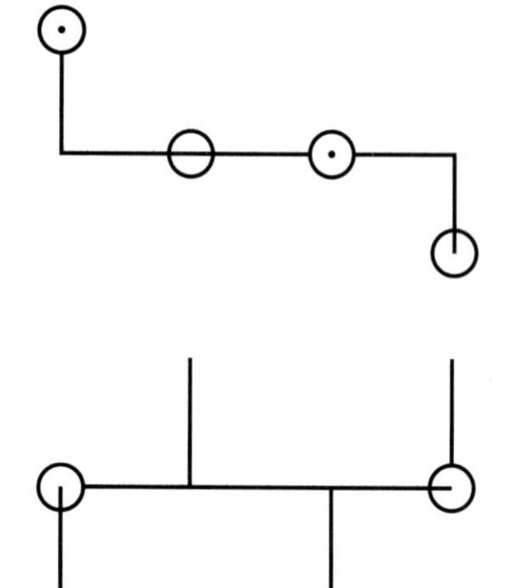

5.

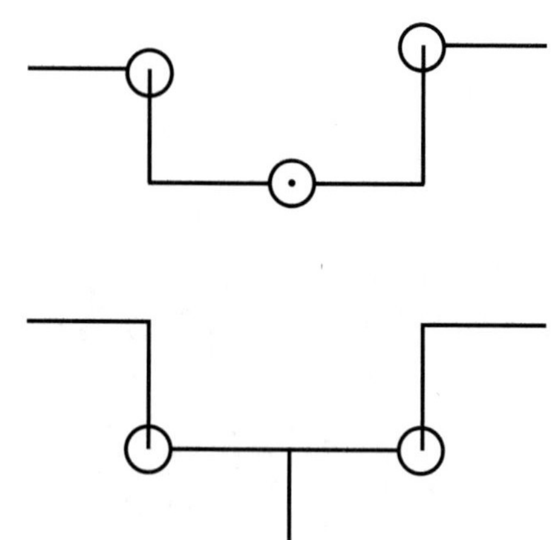

6.

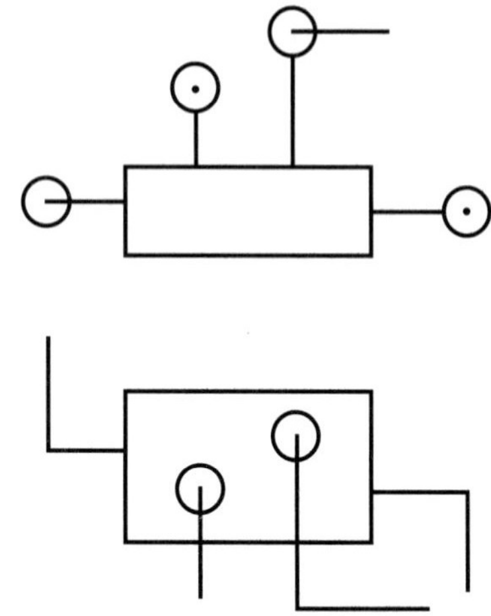

# 第二章 建筑及结构施工图识读

## 一、填空题

1．写出以下建筑施工图中定位轴线的含义：(1/2)______________，(2/0A)______________，(3/D)__________。

2．写出以下建筑施工图中索引符号的含义：$\frac{8}{2}$____________，$\frac{1}{8}$____________，$\frac{2}{-}$___________。

3．建筑总平面主要反映____________和____________及周边环境之间的位置关系，体现新建建筑物的平面形状、___________、___________和朝向，同时也反映道路绿化、地形、地貌等情况。

4．建筑平面图主要表示房屋的___________、平面形状、___________、___________、楼梯、电梯位置等。

5．建筑立面图主要反映房屋的高度、___________、___________等。

6．建筑剖面图主要反映楼梯间的具体位置、___________、墙体、___________等更细致的内容。

7．建筑总平面图上标注的尺寸和标高等数据一律以___________为单位，一般注写到小数点后___________。

8．在建筑施工图中，标高以___________为单位。

9．说出三种常见的结构形式：砌体结构、___________和___________。

10．钢筋混凝土结构比较常见的有___________、剪力墙结构等。

## 二、名词解释

1．建筑面积

2．耐火等级

3．道路红线

4．建筑红线

5．净高

6．钢筋混凝土结构

## 一、填空题

1. 大样图是表示一组设备的配管或________________安装的一种详图。

2. 建筑给排水系统施工图一般由设计说明、__________、__________、详图和__________等部分组成。

3. 建筑给排水系统施工图中平面图的常用比例有_______、________和 1 : 100。

4. 管道______用标高表示。标高以_____为单位，精确到厘米或毫米。

5. 室内工程应标注________标高，压力管道应标注_________标高，沟渠和重力流管道宜标注____________标高。

6. 管道施工图中管径应以______________为单位。

7. 输送水、煤气的钢管、铸铁管等管材，管径宜以___________表示；无缝钢管、焊接钢管、铜管、不锈钢管等管材，管径宜以_____________表示。

8. 采暖平面图用来表示建筑物内____________及________的各层平面布置。

9. 系统图表示水暖系统的___________及___________之间、前后左右之间的关系。

10. 详图包括__________图、__________图和大样图。

11. 消火栓系统由__________、消防给水管网、__________、__________、__________和消防水箱、消火栓设备等组成。

## 二、写出下面图例、代号的含义

## 三、画出下列常用卫生器具的图例

洗脸盆　　浴盆　　淋浴器

坐便器　　蹲便器　　小便器

小便槽　　洗涤盆　　污水盆

## 四、简答题

1. 采暖系统施工图中的设计说明主要包括哪些内容？

2. 采暖系统施工图中，平面图和系统图分别表示哪些内容？

3. 简述采暖系统施工图的识读要点。

4. 建筑物的给水引入管、排出管及给排水立管是如何编号的？

5. 建筑给排水系统施工图的识读顺序是什么？

6. 暖通空调系统是如何进行系统及立管编号的？

7. 消火栓系统的给水方式有哪几种？

## 五、阅读教材中图 3-17 至图 3-20，并回答下列问题

1. 该建筑是一栋什么样的建筑？布局如何？

2. 该建筑各层中有哪些用水房间？设有哪些卫生器具？

3. 给水系统采用哪种给水方式？干管、立管如何布置？

4. 厨房、卫生间中的给水支管应如何布置？管径如何变化？

5. 排水系统应采用哪种排水体制？立管如何布置？

6. 排水系统中的通气系统是如何设置的？

## 六、阅读教材中图 3-29 至图 3-32，并回答下列问题

1. 该建筑中哪些房间设置了散热器？散热器布置在何处？

2. 该建筑设置了几个热力入口？分别在何处？

3. 该采暖系统采用何种形式？

4. 各户的采暖系统是如何布置的？

# 第四章 电气施工图识读

## 一、填空题

1. __________、__________、动力及照明工程、防雷与接地工程等属于电气施工中的强电工程；电话系统、__________、__________、防盗报警装置、广播音响系统、电视监控系统等属于电气施工中的弱电工程。

2. 电气施工图包括电气系统图、__________、__________、安装接线图等。

3. __________图可以清晰地表示该系统的基本组成，各组成部分的相互关系、连接方式，各组成部分的电气元件和设备的主要特征。

4. 平面图按工程复杂程度，每层绘制__________，但在高层建筑中，平面布置相同的多个楼层可以只绘制一张__________图作为代表。

5. 电气施工图是在__________图的基础上绘制的，图中标注出的电气设备和电气线路有其特定的含义。

6. 工程中所使用的各种标准一般用拼音的首字母表示，如GB表示__________，DB表示__________，GB/T表示__________。

7. 把引入箱内的三相电源分配成多路单相电源给后端设备使用，分配原则是要尽量保持__________，使三相电的每一相所带负载尽量均衡。

8. 电气平面图表示动力、照明线路的敷设位置、__________和__________，同时还标示出各种用电设备的型号、数量、安装方式和相对位置。

9. 在识读电气施工平面图时要结合系统图，遵循由总到分的原则，按照__________→总配电箱→__________→__________→支线→用电设备的顺序读图。

10. 一套完整的防雷系统至少需要包括__________、__________和接地装置三部分。

11. 有线电视系统又称CATV系统，它由前端装置、__________和__________构成。

12. 消防控制中心设__________、__________、消防电话设备、__________、CRT显示器、打印机等设备。

## 二、写出下列图例、代号的含义

V

A

Wh

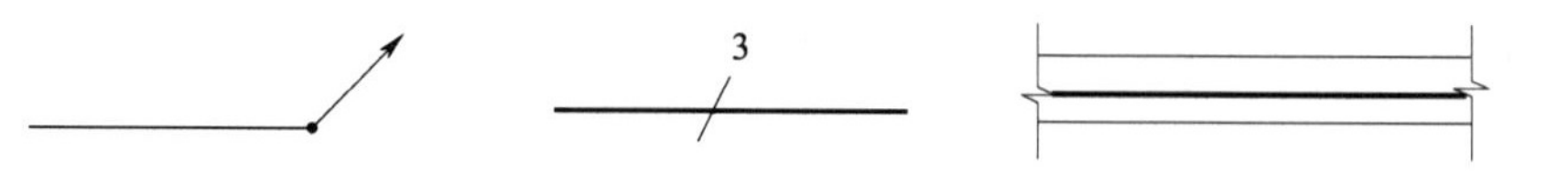


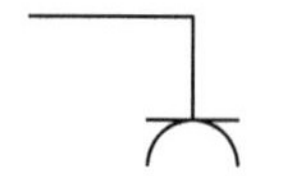 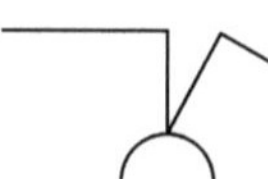 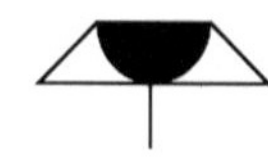 

 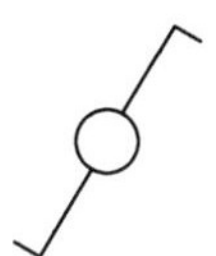 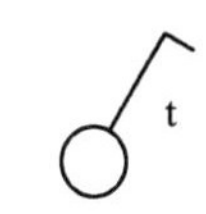

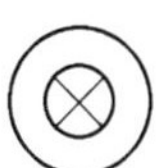

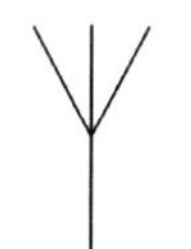 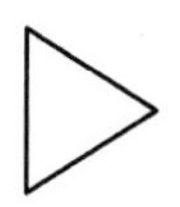 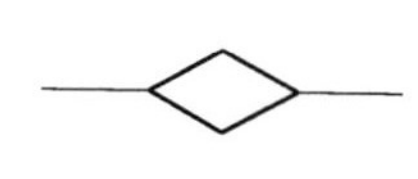 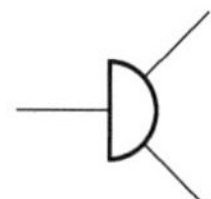

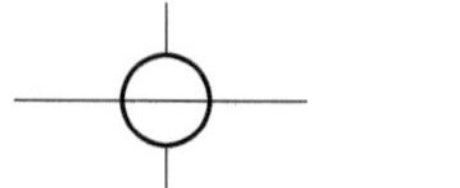 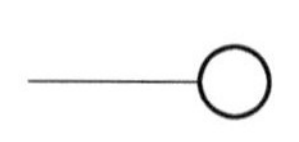 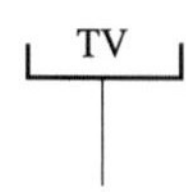

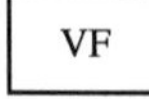 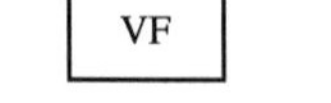


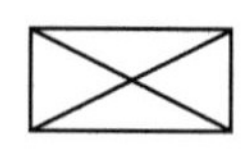  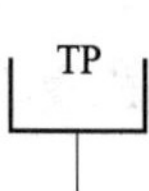

  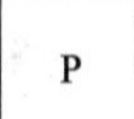

## 三、解释下列线路标注的含义

1．BV-（3×35+1×16）-SC50-FC

2．BLX-2×2.5-SC15-WC

3．BV-3×4-PVC20-WE

4．RV-8×1.0-JDG32-ACE

5．$YJV_{22}$-5×16-SC40-FC

## 四、仿照教材中的例子，对照平面图，绘制 WL1、WL3 两条支路的原理接线图

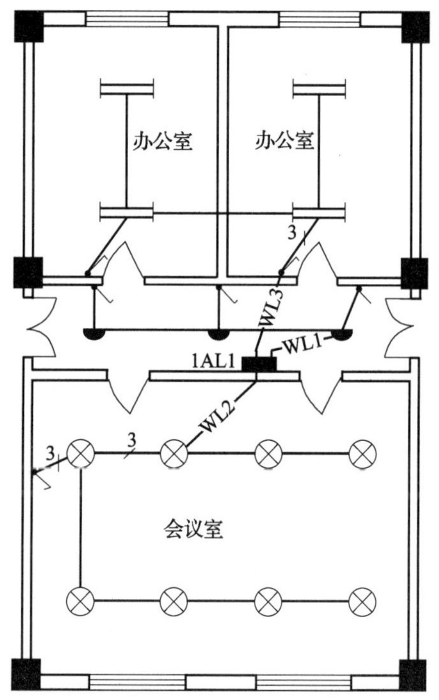


## 五、简答题

1．电气施工图的作用是什么？

2．电气工程包括的项目有哪些？

3．电气施工图的特点有哪些？

4．简述识读电气施工图的基本步骤。

5．简述火灾自动报警及联动控制系统的作用。

## 六、阅读教材中图 4-11 和图 4-12，并回答下面问题

1．该建筑总配电箱和首层配电箱分别采用什么样的配电形式？

2．如何保证配电箱供电达到三相平衡？

3．每个房间分别采用了哪种灯具？各类灯具分别采用了什么安装方式？每条照明支路的负荷是多少？

4．系统中的进户管、干管和支管是如何布置的？

## 一、建筑施工图识读实例

1. 内容

识读以下建筑施工图：首层组合平面图（建施 01）、2~11 层组合平面图（建施 02）、顶层组合平面图（建施 03）、北立面图（建施 04）、建筑剖面图（建施 05）、楼梯详图（建施 06）。

2. 要求

了解建筑功能分区情况、平面形状、门窗位置、门窗开启方向、楼梯、电梯位置等。

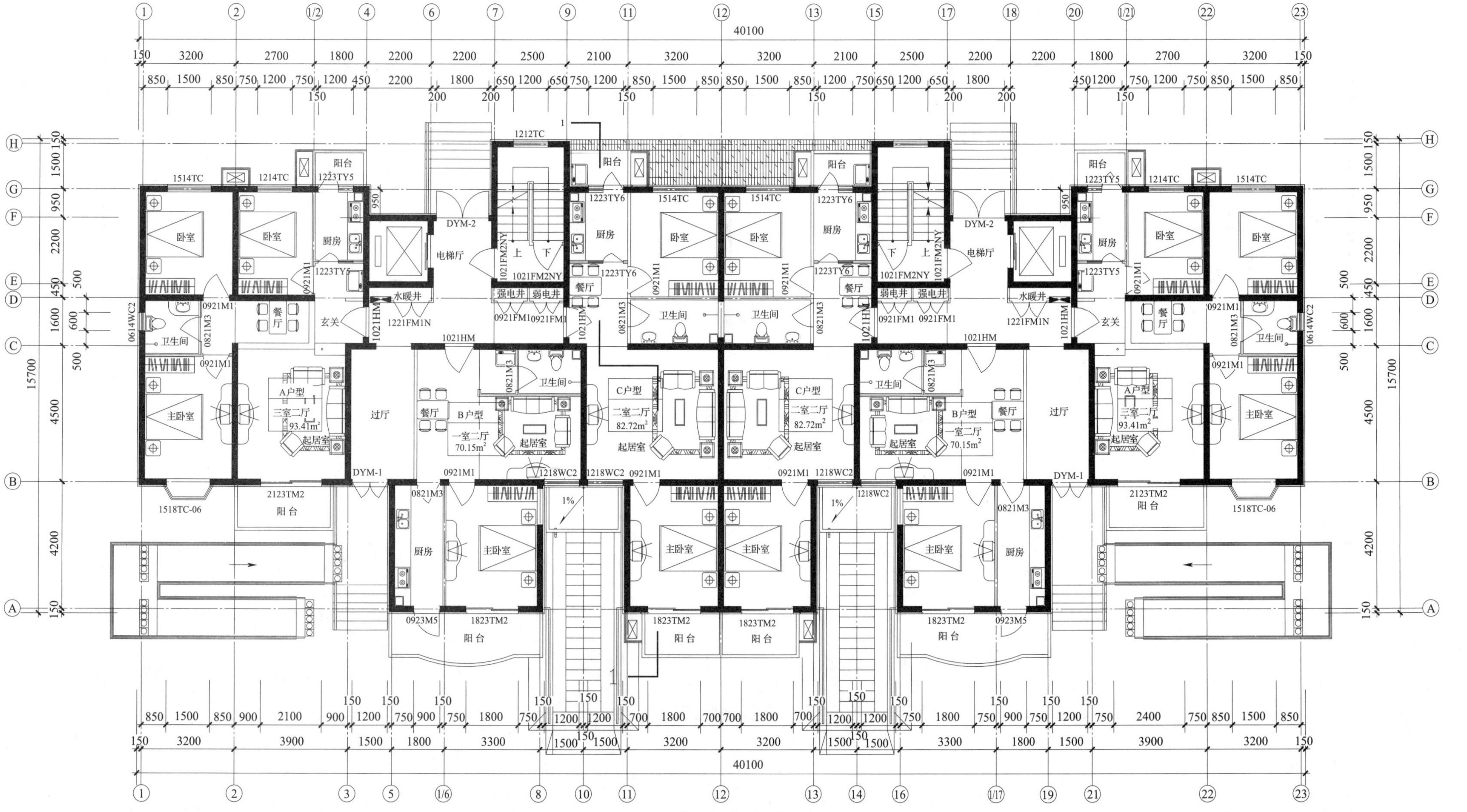

首层组合平面图 1:100

建施01

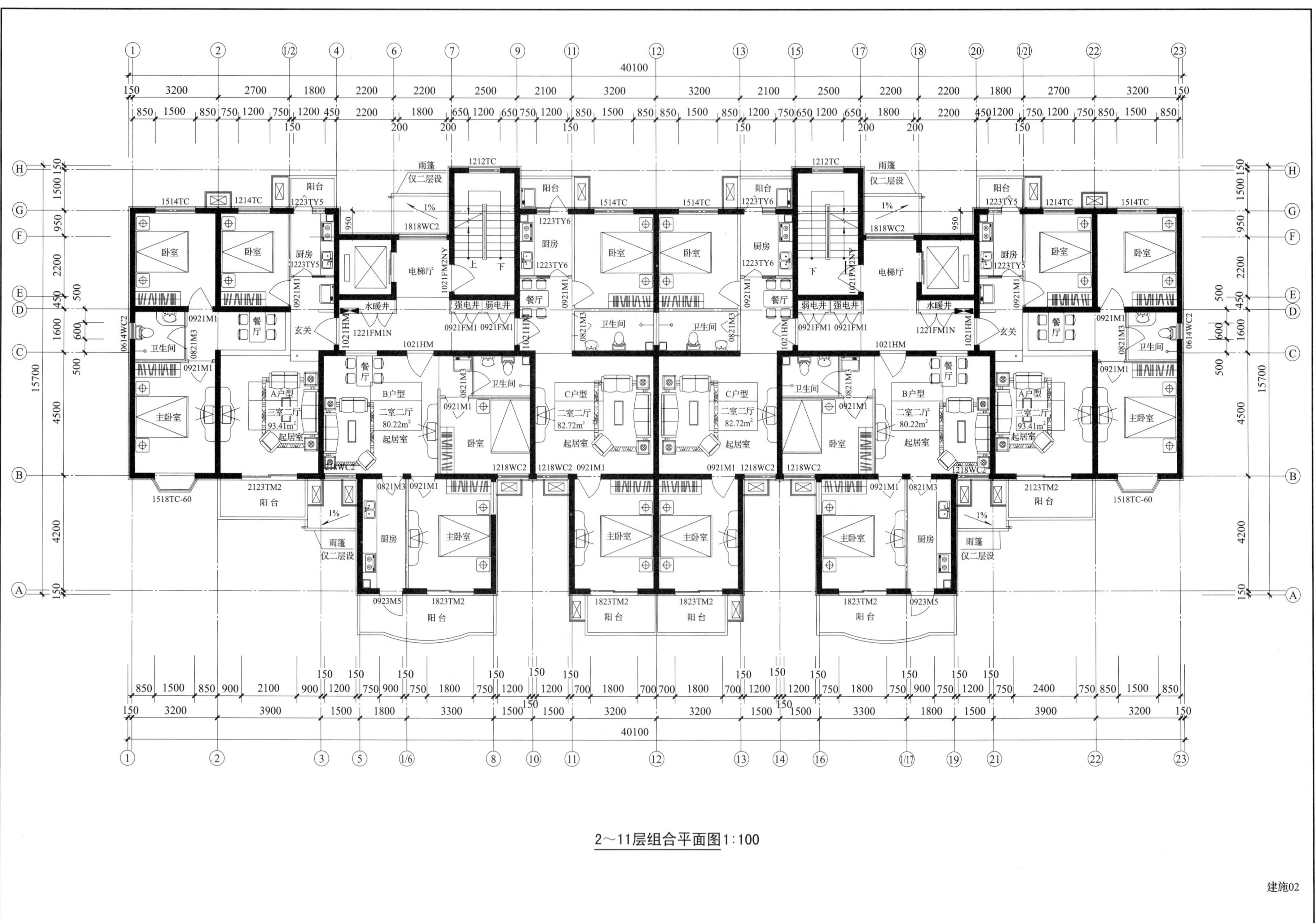


2～11层组合平面图1:100

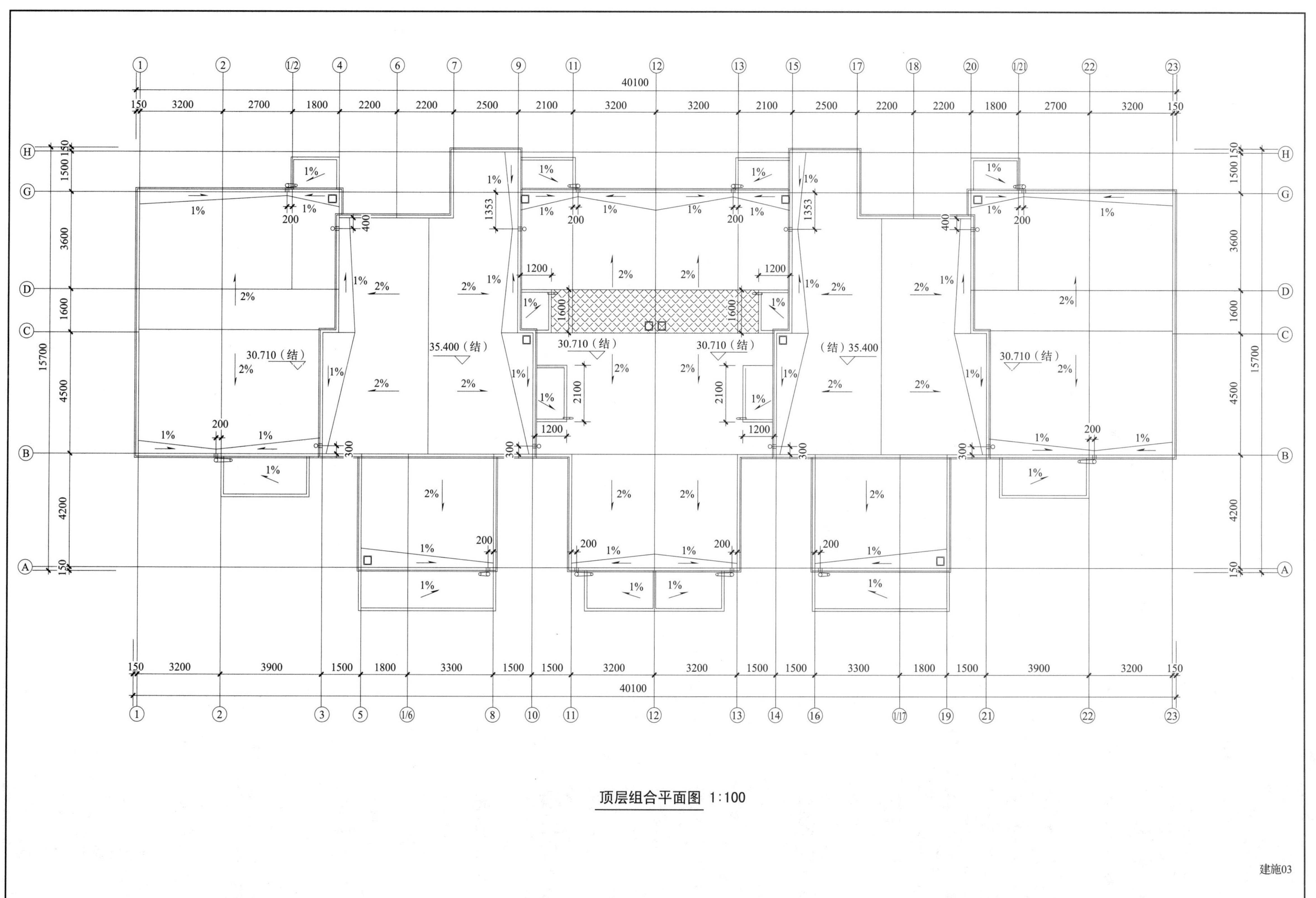

顶层组合平面图 1:100

建施03

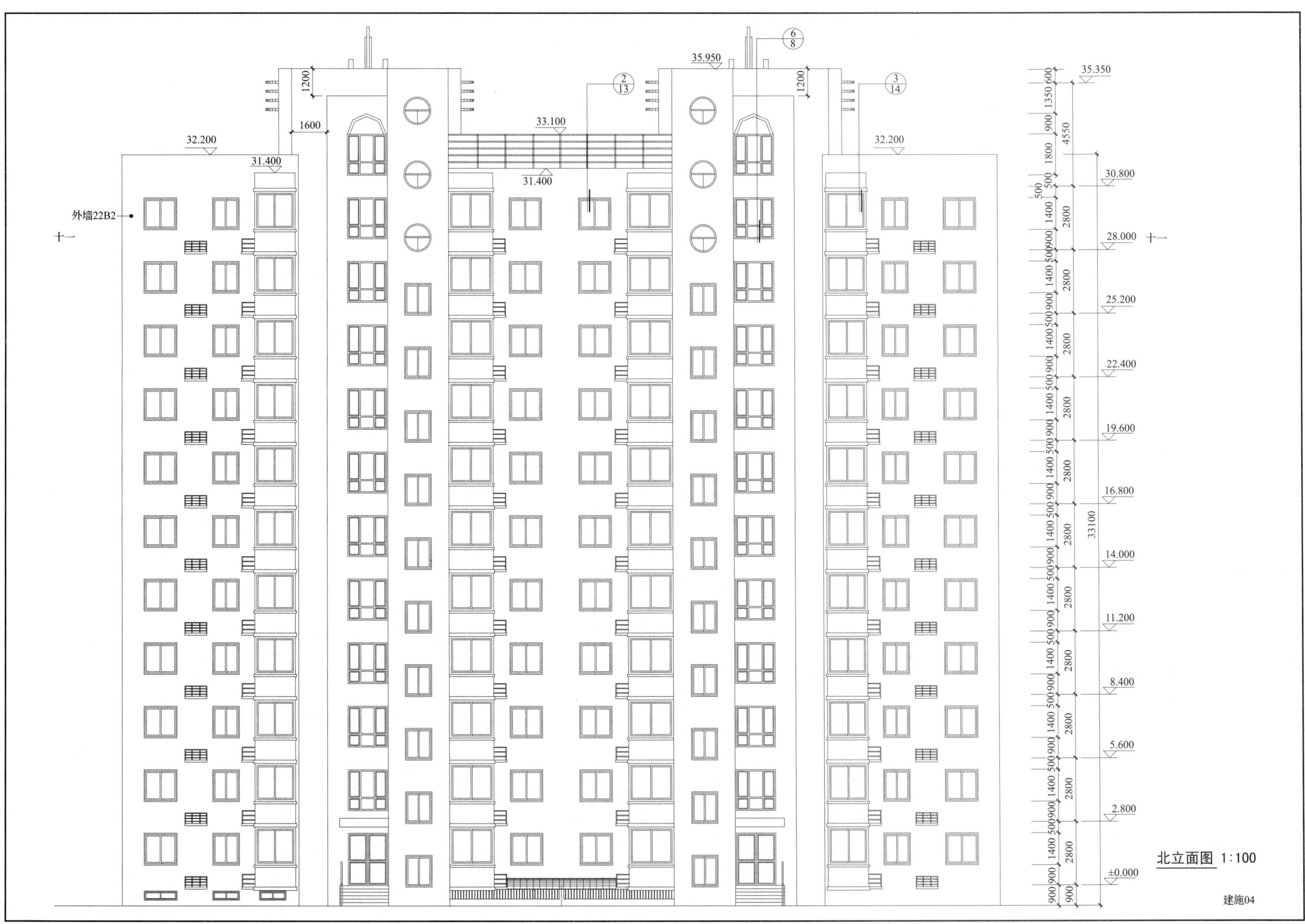
35.950
35.350
33.100
32.200
32.200
31.400
31.400
1600
1200
1200
4550
30.800
28.000
25.200
22.400
19.600
16.800
14.000
11.200
8.400
5.600
2.800
±0.000
33100
外墙22B2
北立面图 1:100
建施04

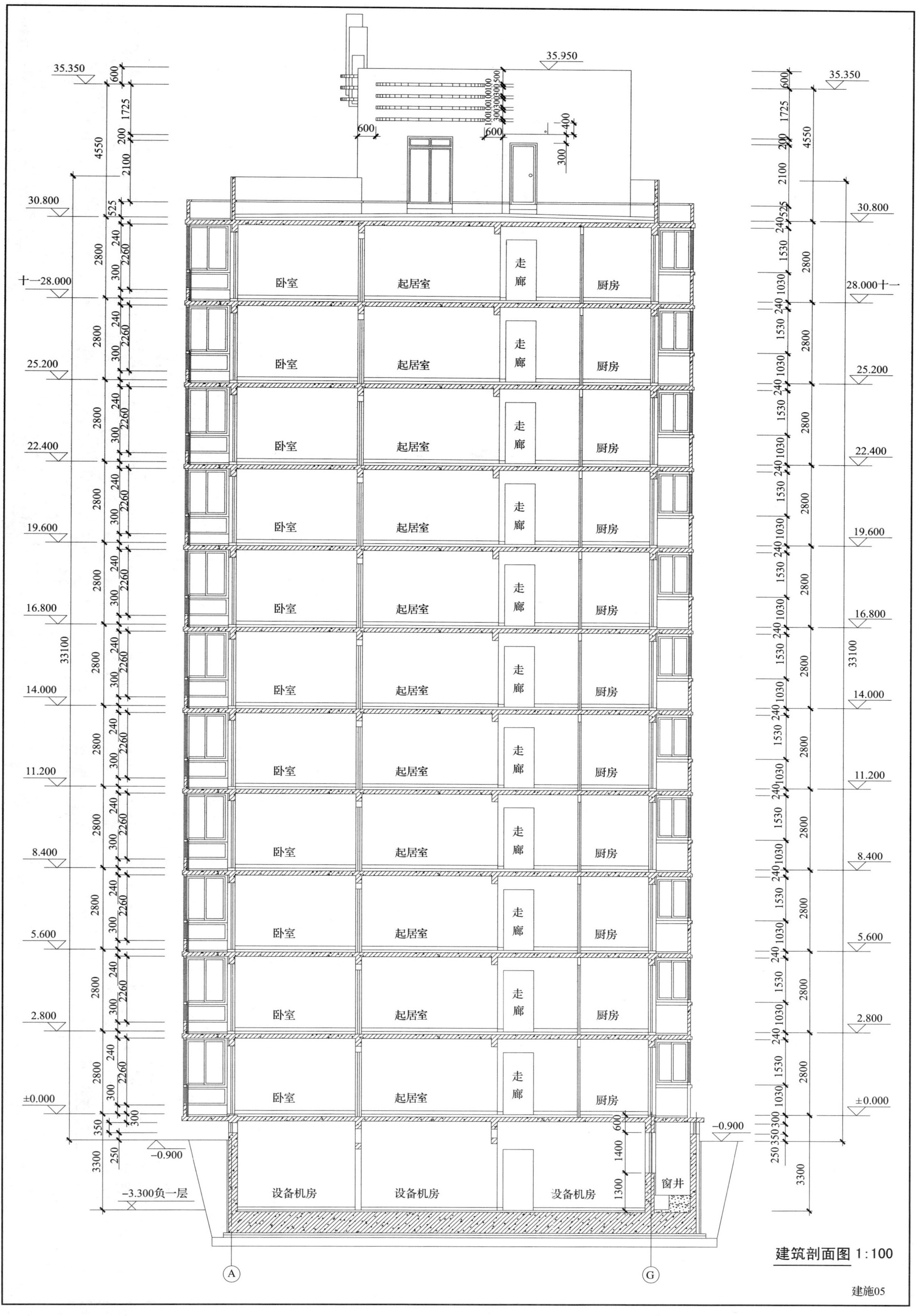
35.950
35.350
30.800
十一28.000
25.200
22.400
19.600
16.800
14.000
11.200
8.400
5.600
2.800
±0.000
-0.900
-3.300负一层
卧室
起居室
走廊
厨房
设备机房
窗井
建筑剖面图 1:100
建施05

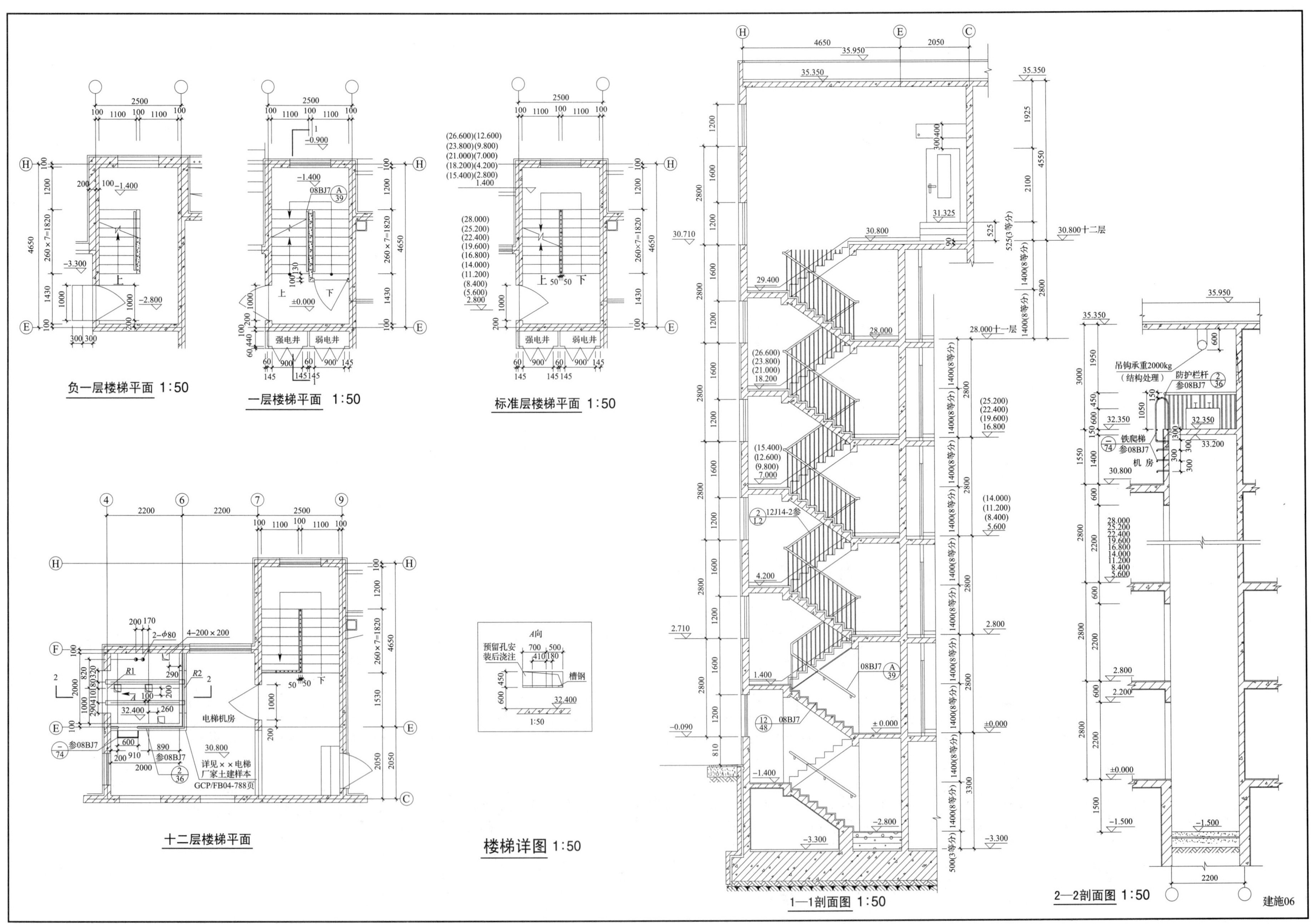

负一层楼梯平面 1:50
一层楼梯平面 1:50
标准层楼梯平面 1:50
十二层楼梯平面
楼梯详图 1:50
1—1剖面图 1:50
2—2剖面图 1:50
建施06
强电井
弱电井
电梯机房
吊钩承重2000kg（结构处理）
防护栏杆 参08BJ7
铁爬梯 参08BJ7
机房
预留孔安装后浇注
槽钢
A向
详见××电梯厂家土建样本 GCP/FB04-788页
30.800十二层
28.000十一层

## 二、结构施工图识读实例

1. 内容

识读以下结构施工图：基础平面布置图（结施 01）、构造详图（结施 02）、1~3 层墙平面布置图（结施 03）、1~10 层顶板配筋图（结施 04）、楼梯详图（结施 05）。

2. 要求

了解结构类型及构件名称。

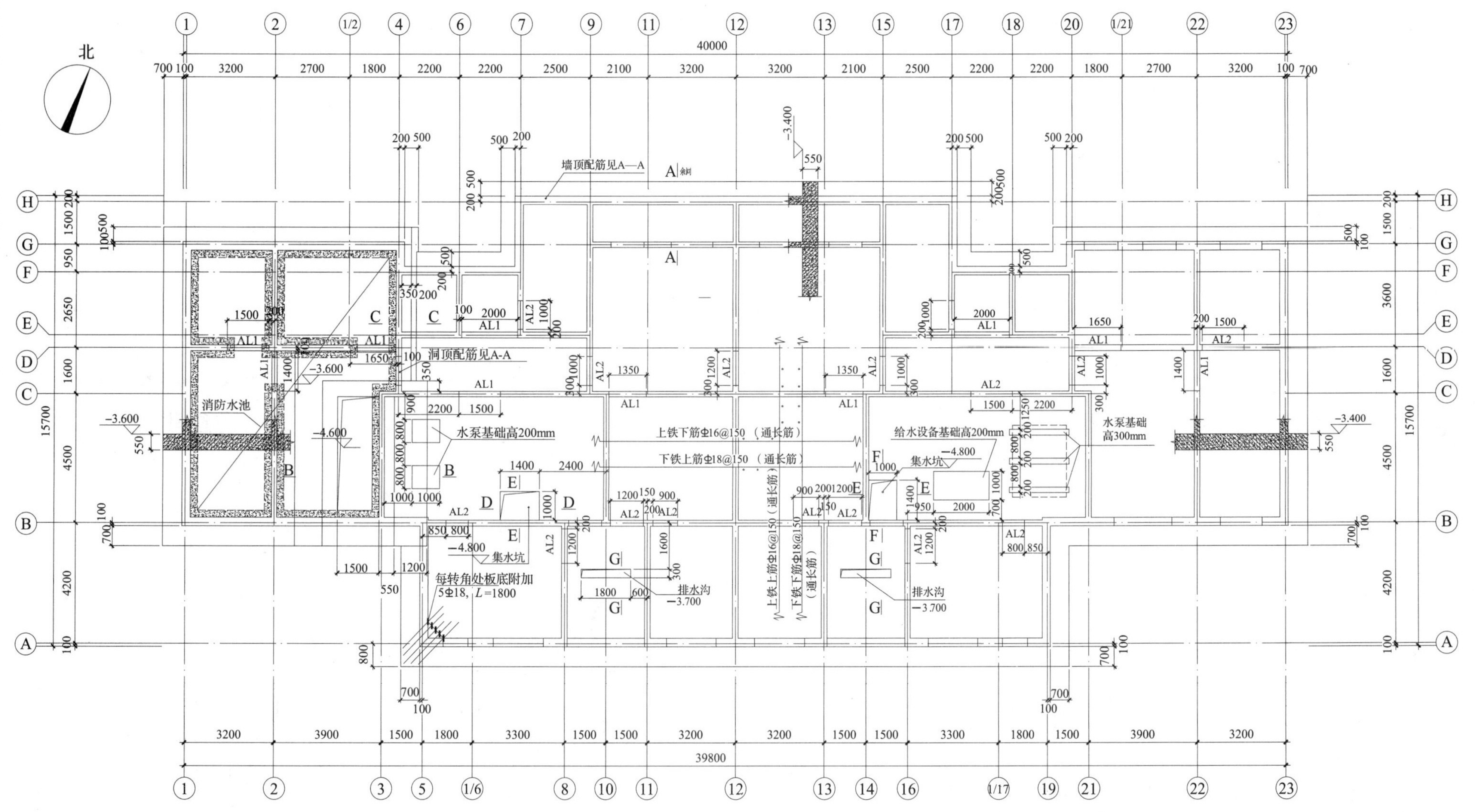


基础平面布置图 1:100

说明: 1. ±0.000相当于绝对标高24.500 m。

2. 基础底板下做100 mm厚C20混凝土垫层，其外边大出基础底板外廓100 mm。混凝土垫层下再做1 000 mm厚级配砂石垫层，要求压实系数0.96，干容重20 kN/m，其外边大出基础底板外廓1 000 mm；砂石垫层承载力不小于200 kPa。

3. 图中未注明墙厚外墙均为300 mm，内墙均为200 mm；未注明板厚为550 mm。

4. 底板通长受力钢筋接头，建议焊接，底板下部钢筋可在跨度中间1/3范围内接头，底板上部钢筋可在支座两侧1/3范围内接头。钢筋接头的数量应满足受拉区钢筋接头的要求。通长钢筋遇洞口及平面改变处截断。

5. 底板上部钢筋的撑铁马凳，由施工单位根据经验选用。地下室侧墙外的回填土必须待地下室顶板施工完毕后方可回填。

6. 专业防雷接地做法详见电气施工图。

7. 基础及地下室墙体施工时应注意核对有关各工种图纸，配合预留预埋设备管线及预留洞，不得事后剔凿。

8. 施工电梯基坑时注意配合电梯图纸预留孔洞，预埋预埋件和管线。

9. 未尽之处见总说明。

结施01

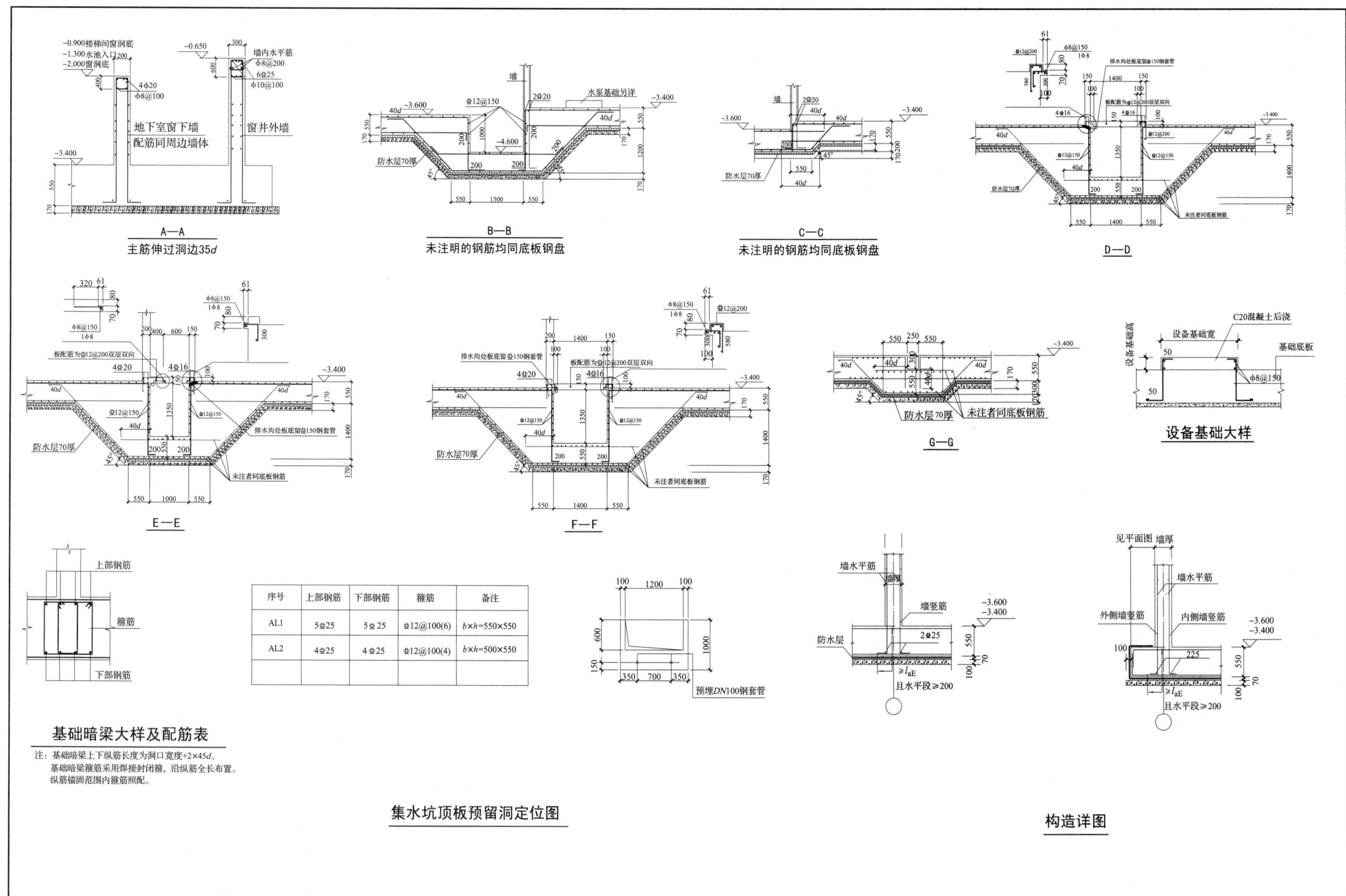


| 序号 | 上部钢筋 | 下部钢筋 | 箍筋 | 备注 |
|---|---|---|---|---|
| AL1 | 5⌀25 | 5⌀25 | ⌀12@100(6) | $b\times h$=550×550 |
| AL2 | 4⌀25 | 4⌀25 | ⌀12@100(4) | $b\times h$=500×550 |
| | | | | |

基础暗梁大样及配筋表

注：基础暗梁上下纵筋长度为洞口宽度+2×45$d$。
基础暗梁箍筋采用焊接封闭箍，沿纵筋全长布置。
纵筋锚固范围内箍筋照配。

集水坑顶板预留洞定位图

构造详图

结施02

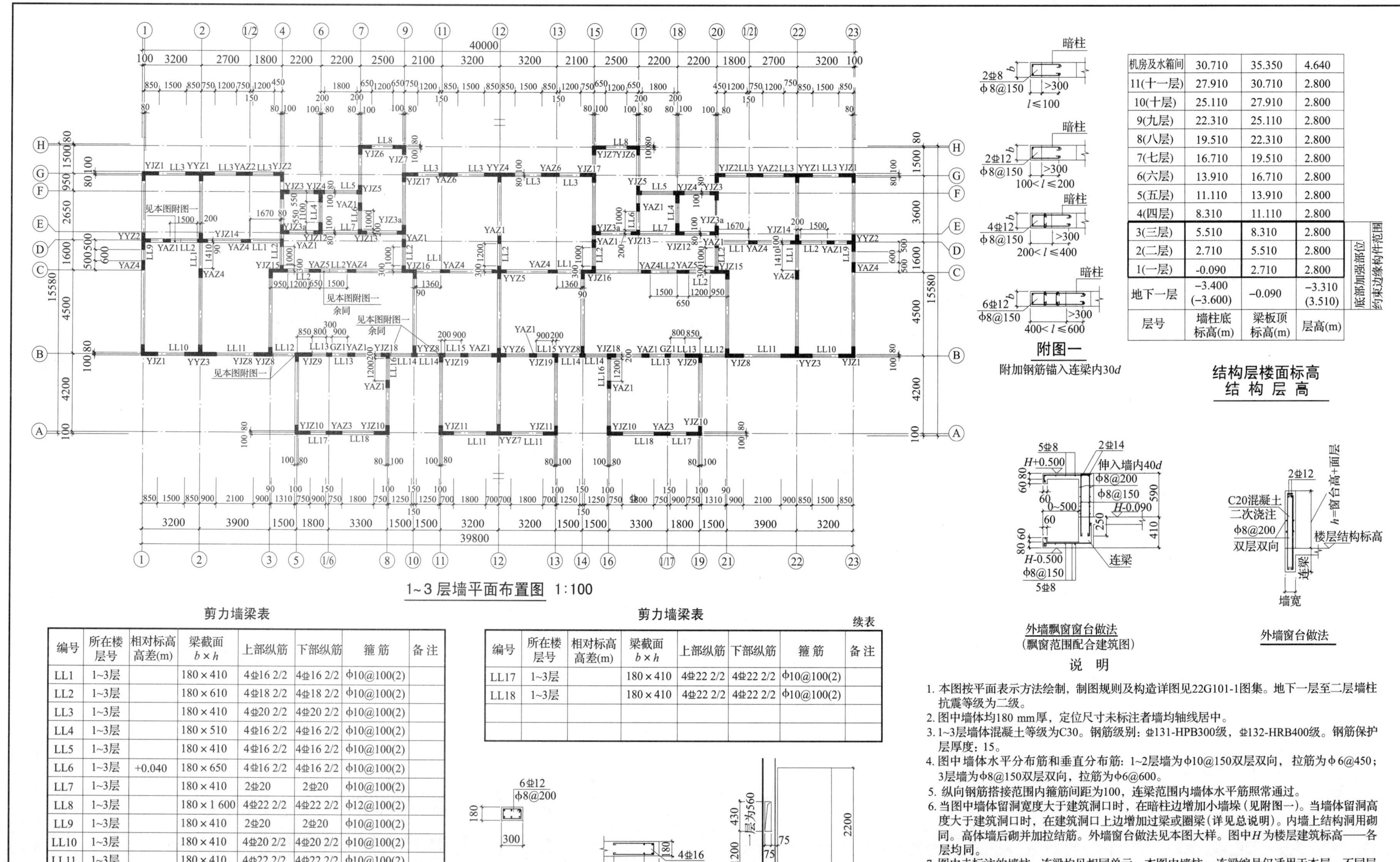


| 层号 | 墙柱底标高(m) | 梁板顶标高(m) | 层高(m) |
|---|---|---|---|
| 机房及水箱间 | 30.710 | 35.350 | 4.640 |
| 11(十一层) | 27.910 | 30.710 | 2.800 |
| 10(十层) | 25.110 | 27.910 | 2.800 |
| 9(九层) | 22.310 | 25.110 | 2.800 |
| 8(八层) | 19.510 | 22.310 | 2.800 |
| 7(七层) | 16.710 | 19.510 | 2.800 |
| 6(六层) | 13.910 | 16.710 | 2.800 |
| 5(五层) | 11.110 | 13.910 | 2.800 |
| 4(四层) | 8.310 | 11.110 | 2.800 |
| 3(三层) | 5.510 | 8.310 | 2.800 |
| 2(二层) | 2.710 | 5.510 | 2.800 |
| 1(一层) | -0.090 | 2.710 | 2.800 |
| 地下一层 | −3.400 (−3.600) | −0.090 | −3.310 (3.510) |

底部加强部位
约束边缘构件范围

**结构层楼面标高**
**结构层高**

### 剪力墙梁表

| 编号 | 所在楼层号 | 相对标高高差(m) | 梁截面 $b\times h$ | 上部纵筋 | 下部纵筋 | 箍筋 | 备注 |
|---|---|---|---|---|---|---|---|
| LL1 | 1~3层 | | 180×410 | 4Φ16 2/2 | 4Φ16 2/2 | φ10@100(2) | |
| LL2 | 1~3层 | | 180×610 | 4Φ18 2/2 | 4Φ18 2/2 | φ10@100(2) | |
| LL3 | 1~3层 | | 180×410 | 4Φ20 2/2 | 4Φ20 2/2 | φ10@100(2) | |
| LL4 | 1~3层 | | 180×510 | 4Φ16 2/2 | 4Φ16 2/2 | φ10@100(2) | |
| LL5 | 1~3层 | | 180×410 | 4Φ16 2/2 | 4Φ16 2/2 | φ10@100(2) | |
| LL6 | 1~3层 | +0.040 | 180×650 | 4Φ16 2/2 | 4Φ16 2/2 | φ10@100(2) | |
| LL7 | 1~3层 | | 180×410 | 2Φ20 | 2Φ20 | φ10@100(2) | |
| LL8 | 1~3层 | | 180×1 600 | 4Φ22 2/2 | 4Φ22 2/2 | φ12@100(2) | |
| LL9 | 1~3层 | | 180×410 | 2Φ20 | 2Φ20 | φ10@100(2) | |
| LL10 | 1~3层 | | 180×410 | 4Φ20 2/2 | 4Φ20 2/2 | φ10@100(2) | |
| LL11 | 1~3层 | | 180×410 | 4Φ22 2/2 | 4Φ22 2/2 | φ10@100(2) | |
| LL12 | 1~3层 | | 180×410 | 4Φ20 2/2 | 4Φ20 2/2 | φ10@100(2) | |
| LL13 | 1~3层 | | 180×610 | 4Φ20 2/2 | 4Φ20 2/2 | φ10@100(2) | |
| LL14 | 1~3层 | | 180×410 | 4Φ22 2/2 | 4Φ22 2/2 | φ12@100(2) | |
| LL15 | 1~3层 | | 180×610 | 4Φ22 2/2 | 4Φ22 2/2 | φ12@100(2) | |
| LL16 | 1~3层 | | 180×410 | 4Φ20 2/2 | 4Φ20 2/2 | φ10@100(2) | |

### 剪力墙梁表

续表

| 编号 | 所在楼层号 | 相对标高高差(m) | 梁截面 $b\times h$ | 上部纵筋 | 下部纵筋 | 箍筋 | 备注 |
|---|---|---|---|---|---|---|---|
| LL17 | 1~3层 | | 180×410 | 4Φ22 2/2 | 4Φ22 2/2 | φ10@100(2) | |
| LL18 | 1~3层 | | 180×410 | 4Φ22 2/2 | 4Φ22 2/2 | φ10@100(2) | |
| | | | | | | | |
| | | | | | | | |

### 说明

1. 本图按平面表示方法绘制，制图规则及构造详图见22G101-1图集。地下一层至二层墙柱抗震等级为二级。
2. 图中墙体均180 mm厚，定位尺寸未标注者墙均轴线居中。
3. 1~3层墙体混凝土等级为C30。钢筋级别：Φ131-HPB300级，Φ132-HRB400级。钢筋保护层厚度：15。
4. 图中墙体水平分布筋和垂直分布筋：1~2层墙为φ10@150双层双向，拉筋为φ6@450；3层墙为φ8@150双层双向，拉筋为φ6@600。
5. 纵向钢筋搭接范围内箍筋间距为100，连梁范围内墙体水平筋照常通过。
6. 当图中墙体留洞宽度大于建筑洞口时，在暗柱边增加小墙垛（见附图一）。当墙体留洞高度大于建筑洞口时，在建筑洞口上边增加过梁或圈梁（详见总说明）。内墙上结构洞用砌同。高体墙后砌并加拉结筋。外墙窗台做法见本图大样。图中$H$为楼层建筑标高——各层均同。
7. 图中未标注的墙柱、连梁均见相同单元。本图中墙柱、连梁编号仅适用于本层，不同层之间的墙柱编号无可比性。
8. 施工时注意配合相应层结构大样图预留钢筋。配合其他工种图纸留洞埋管。图中未表示的配电箱、消火栓等设备，施工时应配合建筑、水道、暖通、强弱电等工种图纸仔细校对，避免遗漏。如施工中发现留洞埋管位置与暗柱或连梁冲突，请及时与设计单位联系，协商处理。

结施03

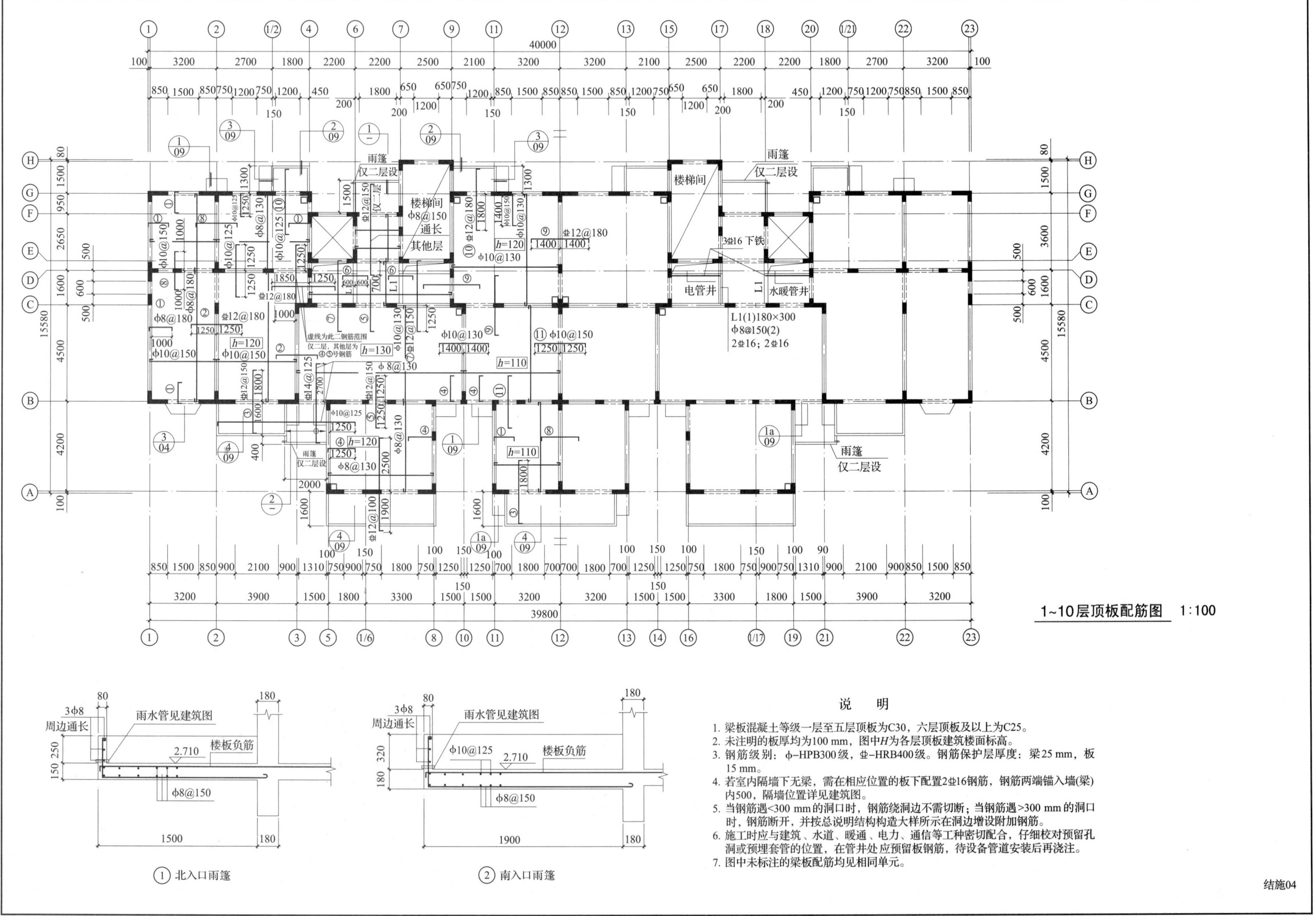
1~10层顶板配筋图 1:100
雨篷
仅二层设
楼梯间
电管井
水暖管井
L1(1)180×300
ф8@150(2)
2⌀16；2⌀16
3⌀16 下铁
① 北入口雨篷
② 南入口雨篷
雨水管见建筑图
楼板负筋
周边通长
说 明
1. 梁板混凝土等级一层至五层顶板为C30，六层顶板及以上为C25。
2. 未注明的板厚均为100 mm，图中H为各层顶板建筑楼面标高。
3. 钢筋级别：ф–HPB300级，⌀–HRB400级。钢筋保护层厚度：梁25 mm，板15 mm。
4. 若室内隔墙下无梁，需在相应位置的板下配置2⌀16钢筋，钢筋两端锚入墙(梁)内500，隔墙位置详见建筑图。
5. 当钢筋遇<300 mm的洞口时，钢筋绕洞边不需切断；当钢筋遇>300 mm的洞口时，钢筋断开，并按总说明结构构造大样所示在洞边增设附加钢筋。
6. 施工时应与建筑、水道、暖通、电力、通信等工种密切配合，仔细校对预留孔洞或预埋套管的位置，在管井处应预留板钢筋，待设备管道安装后再浇注。
7. 图中未标注的梁板配筋均见相同单元。
结施04

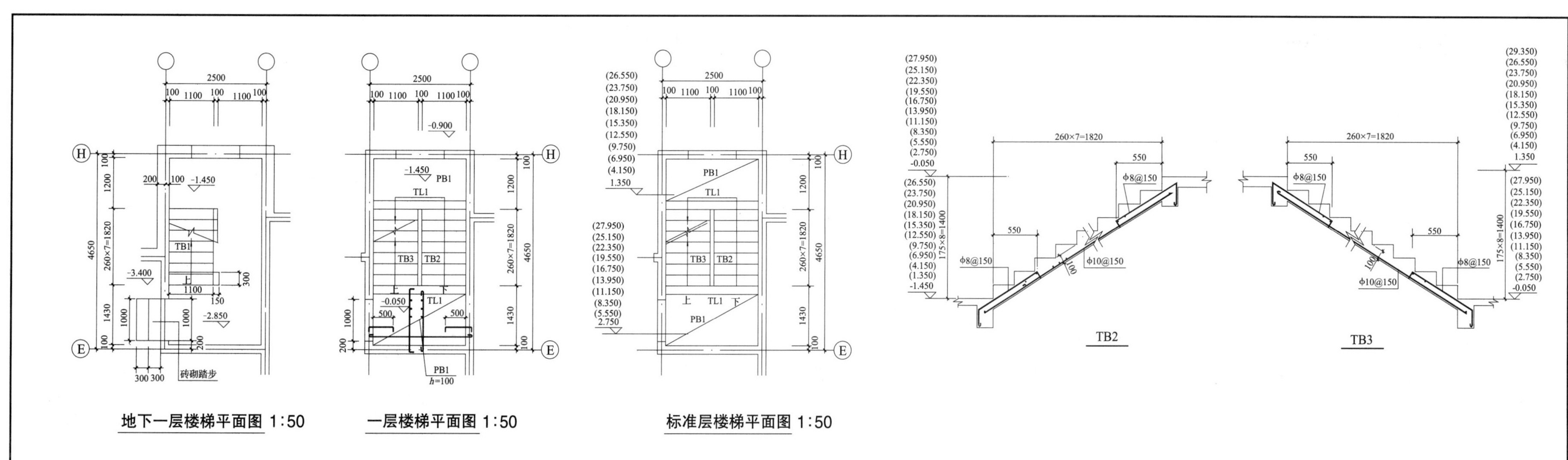


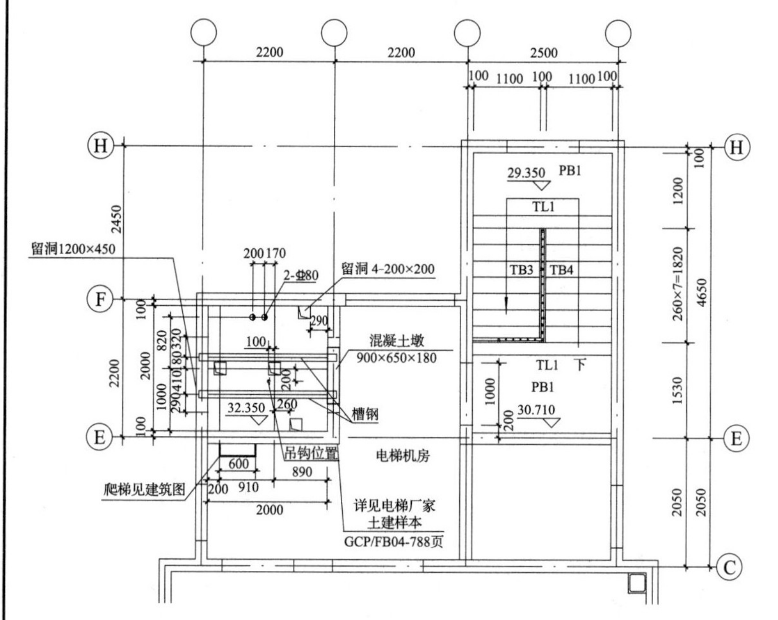


电梯机房层楼梯平面图 1:50

TB1

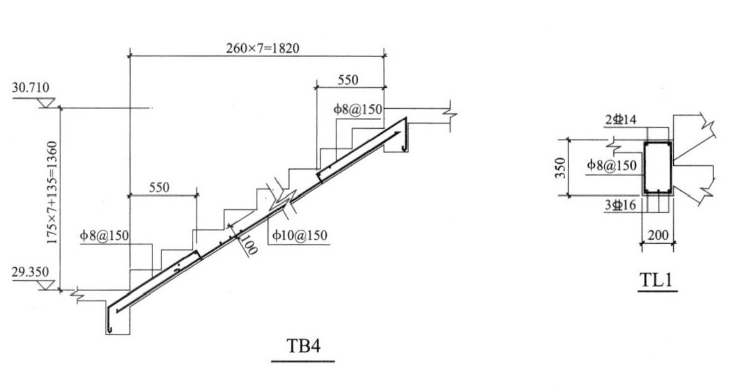


## 说　明

1. 图中未注明的板厚均为100。
2. 未注明的配筋均为ф8@150，楼板及梯段分布筋为ф6@200。
3. 楼梯预埋铁件参照有关标准图施工。

## 楼梯详图 1:50

结施05

## 三、给排水施工图识读实例

1. 内容

根据教材中的内容完成：地下一层给排水平面图（水施 02）、首层给排水组合平面图（水施 03）、标准层给排水组合平面图（水施 04）、顶层给排水组合平面图（水施 05）、单元给排水详图（水施 07）中的给排水系统。

2. 要求

按 A2 图幅的规格，正确使用绘图工具，先画出各张图纸的建筑轮廓，再画出给排水系统（可以按照教材中的图纸描绘，也可以自行设计）。

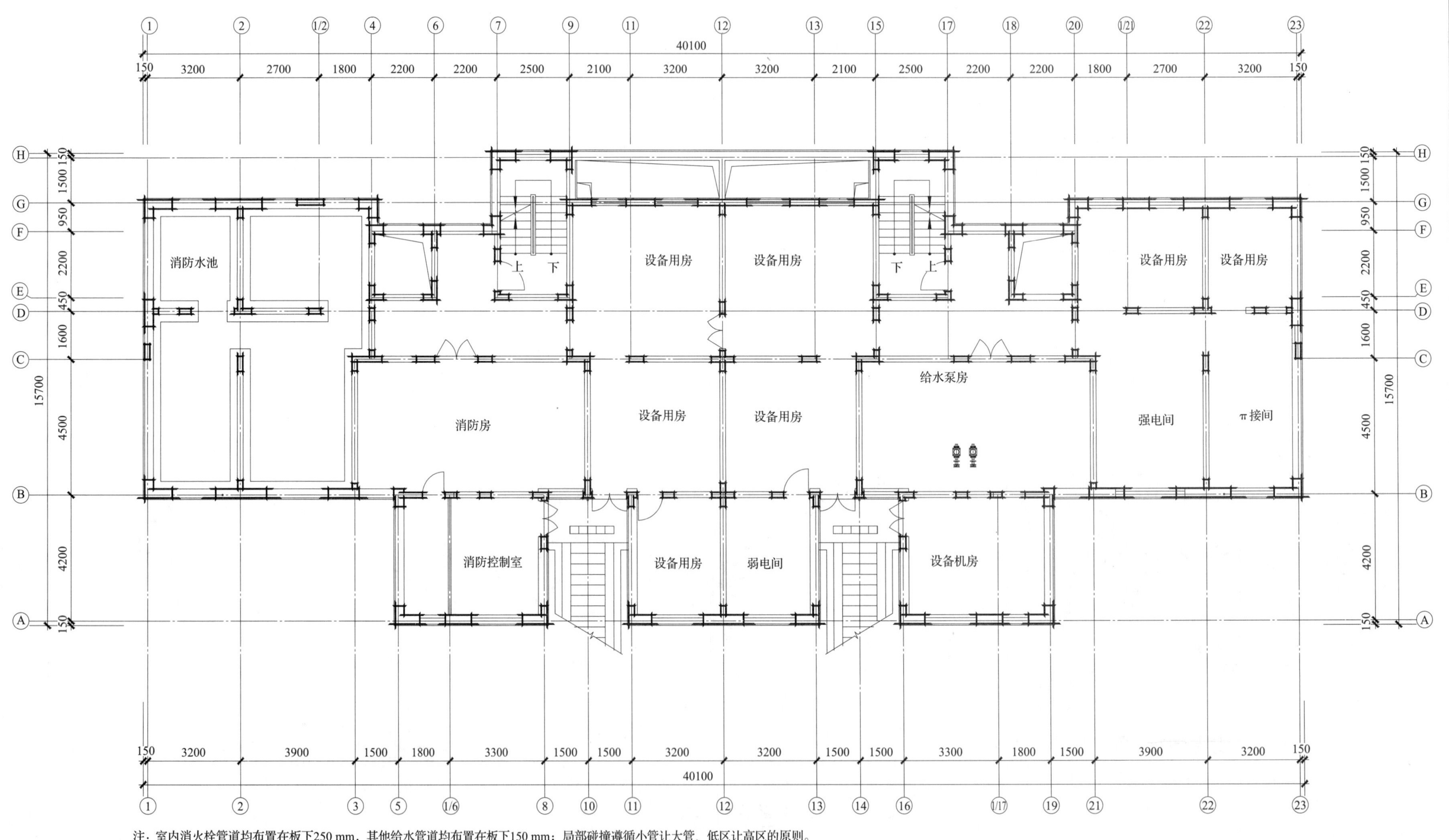


地下一层给排水平面图 1∶100

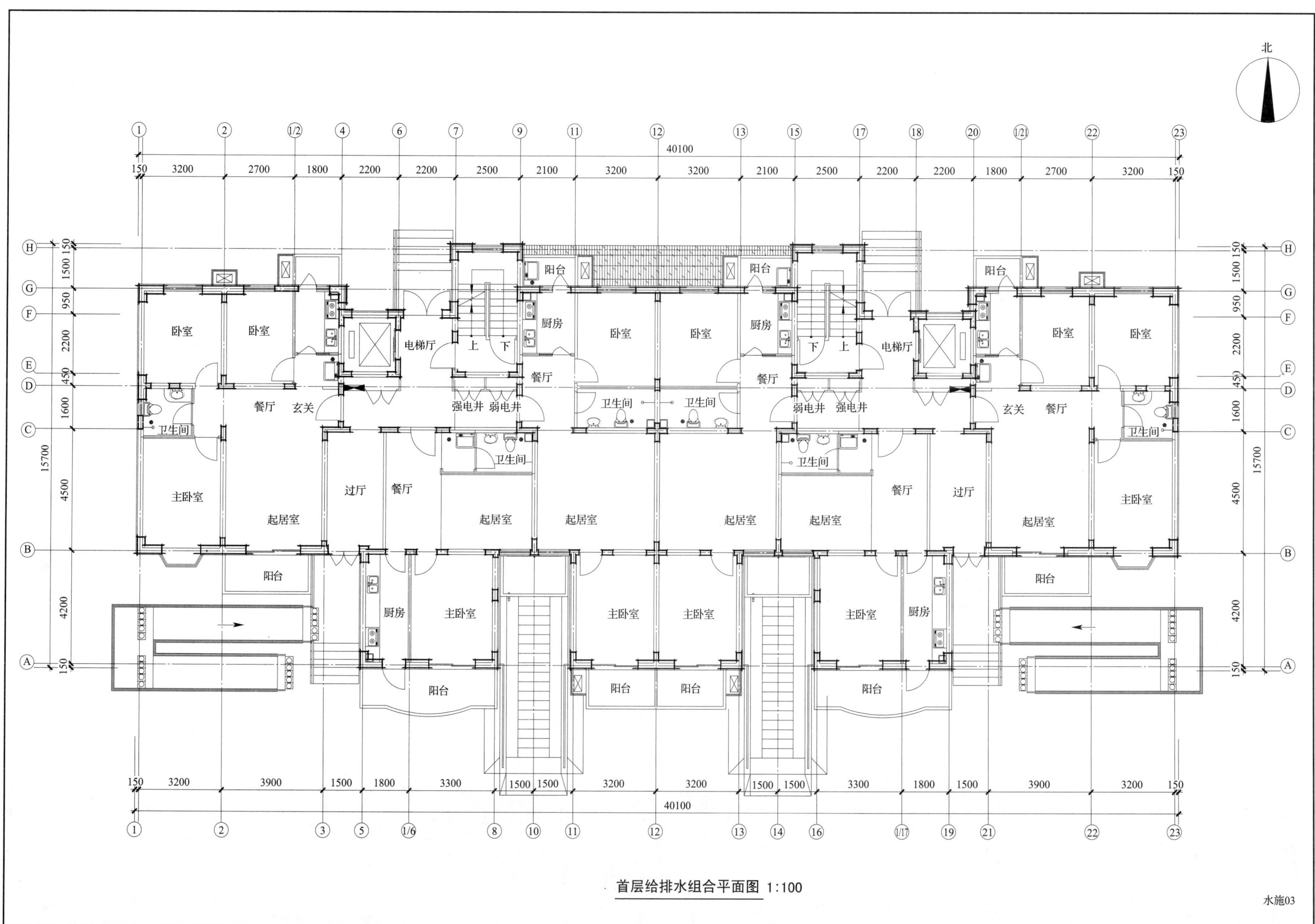


首层给排水组合平面图 1:100

水施03

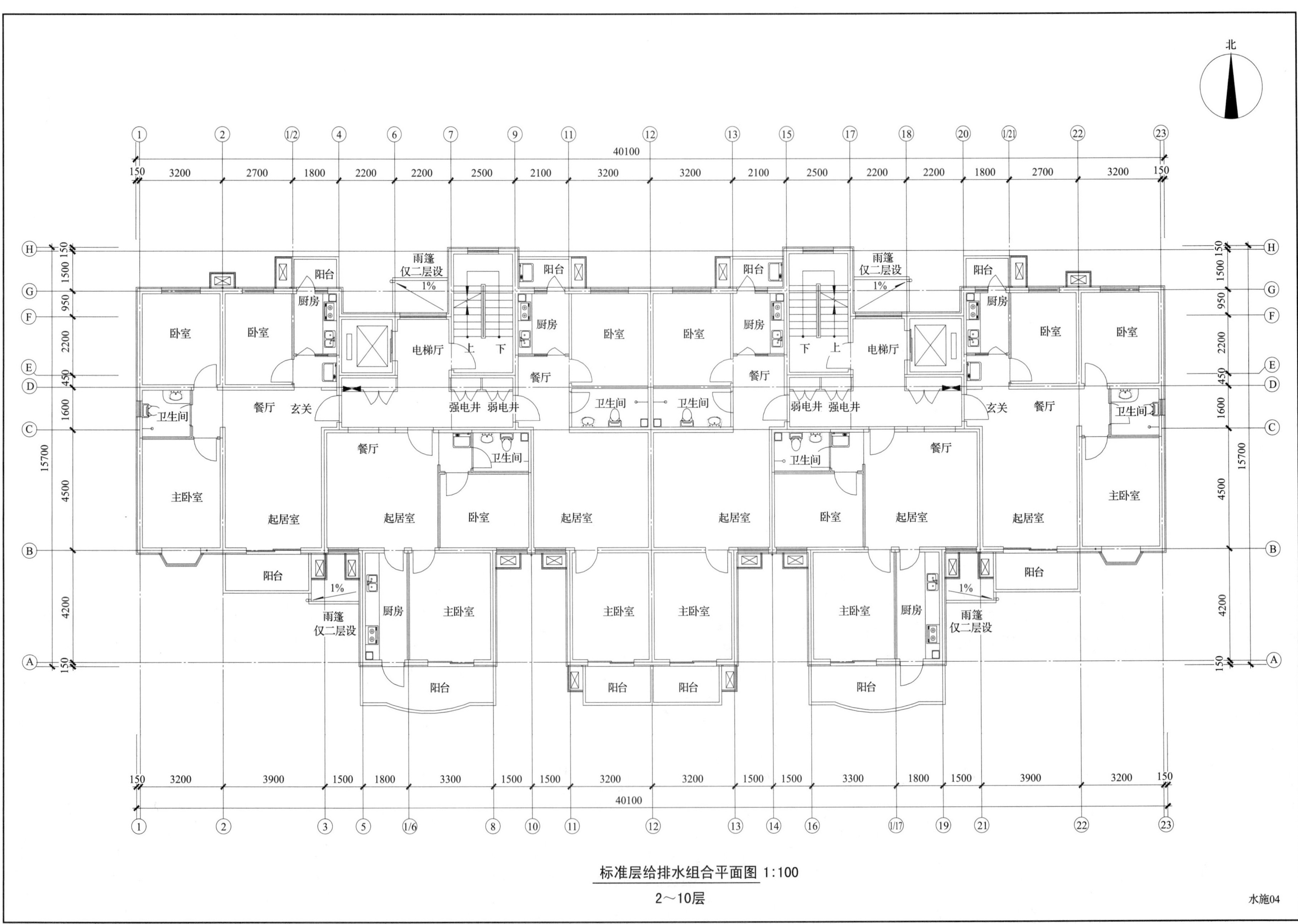
北
标准层给排水组合平面图 1:100
2～10层
水施04

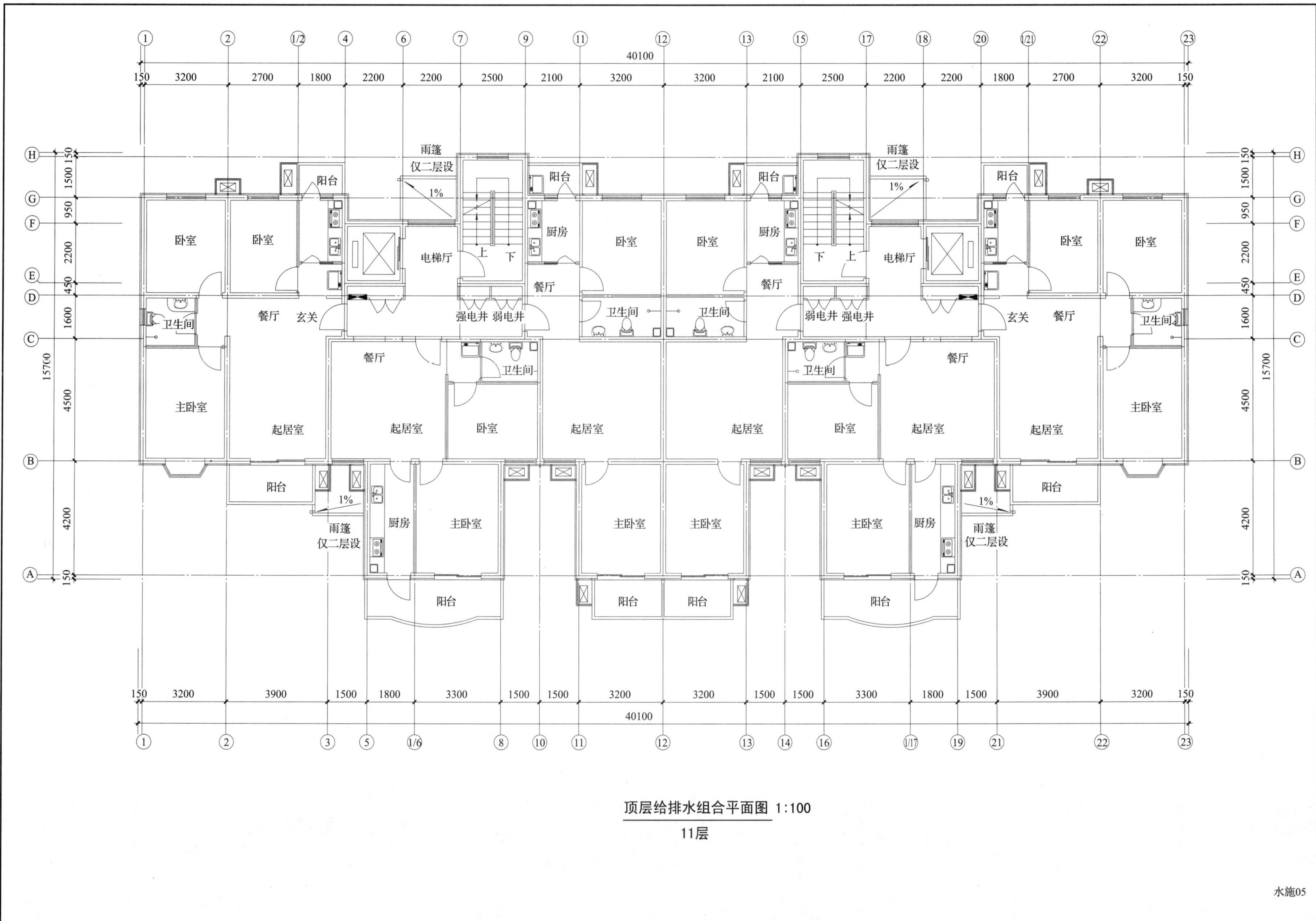


顶层给排水组合平面图 1:100

11层

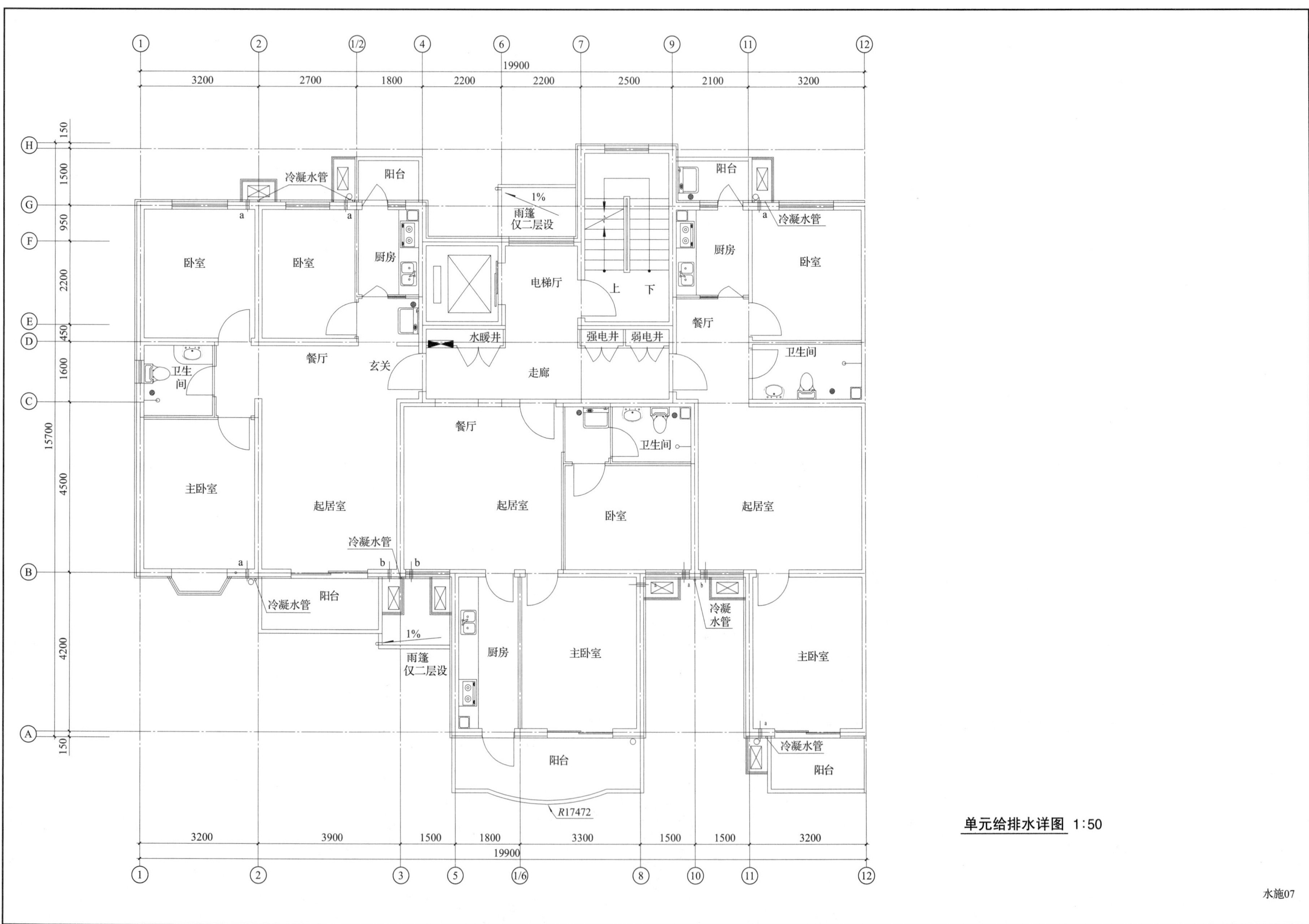


单元给排水详图 1:50

水施07

## 四、采暖施工图识读实例

1. 内容

根据教材中的内容完成：首层单元采暖平面图（暖施03）、标准层单元采暖平面图（暖施04）、顶层单元采暖平面图（暖施05）中的采暖系统。

2. 要求

按A2图幅的规格，正确使用绘图工具，先画出各张图纸的建筑轮廓，再画出采暖系统（可以按照教材中的图纸描绘，也可以自行设计）。

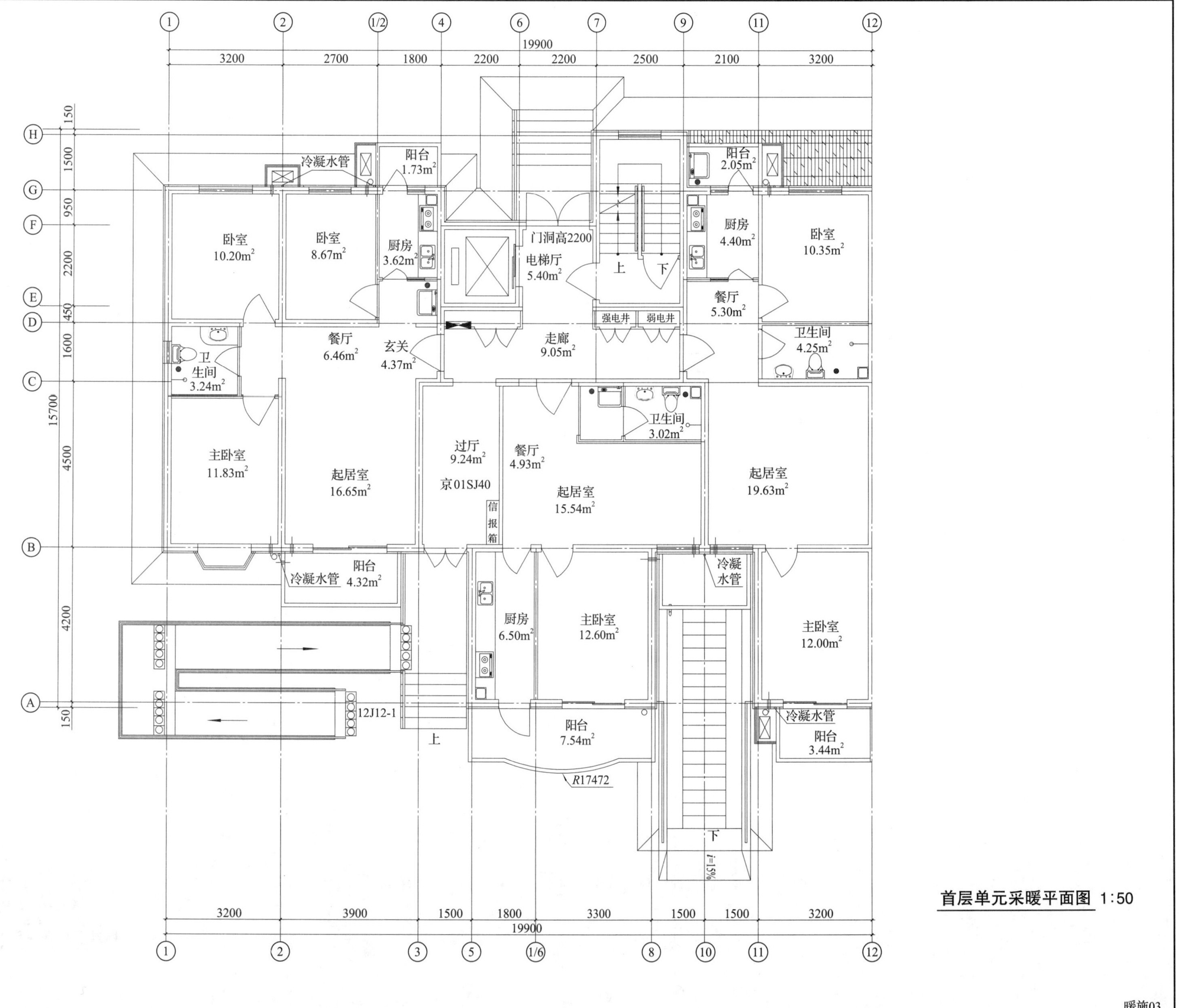

首层单元采暖平面图 1:50

暖施03

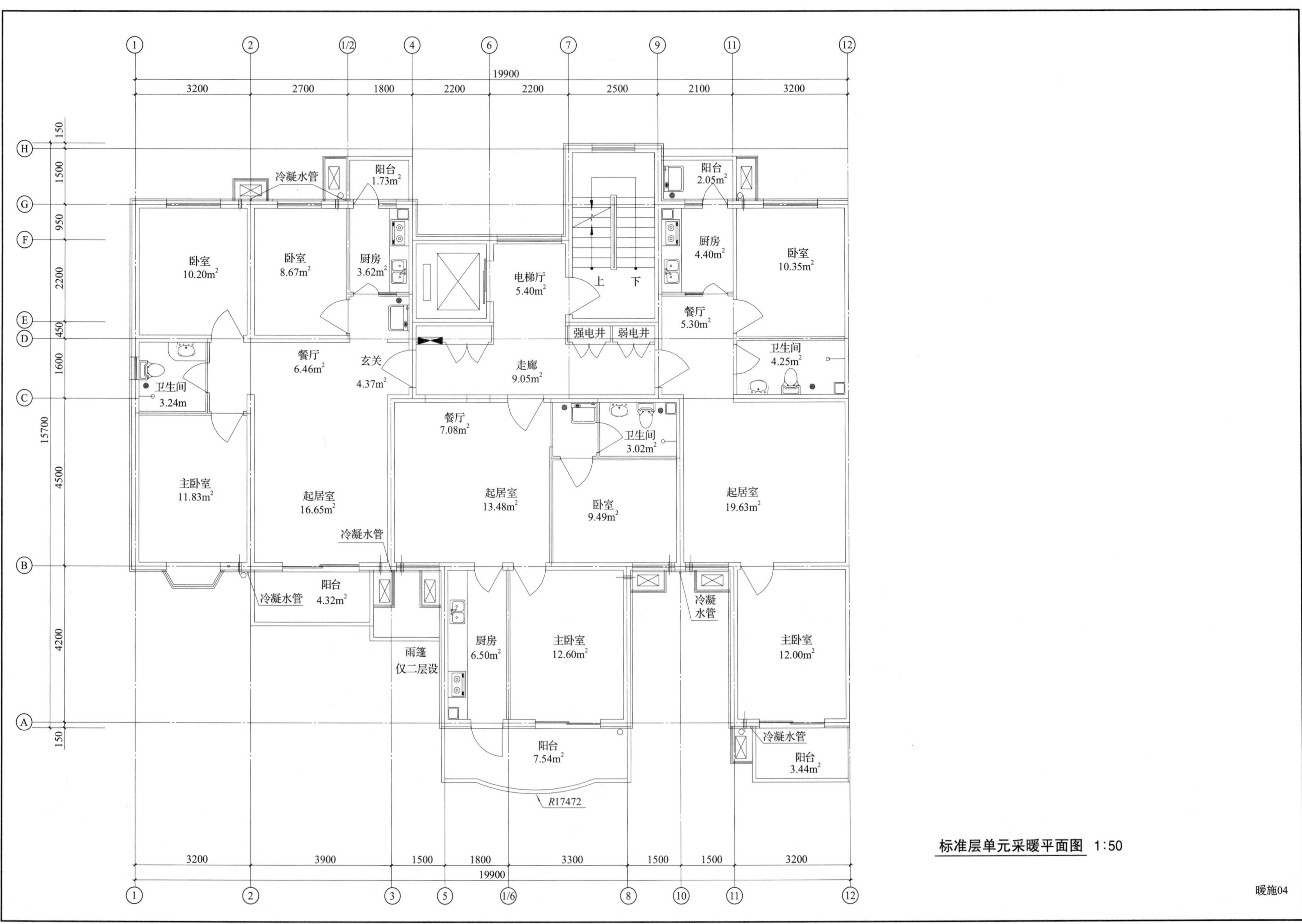

标准层单元采暖平面图 1:50
暖施04
19900
3200
2700
1800
2200
2200
2500
2100
3200
卧室 10.20m²
卧室 8.67m²
厨房 3.62m²
阳台 1.73m²
冷凝水管
电梯厅 5.40m²
上
下
强电井
弱电井
阳台 2.05m²
厨房 4.40m²
卧室 10.35m²
餐厅 5.30m²
卫生间 4.25m²
餐厅 6.46m²
玄关 4.37m²
走廊 9.05m²
卫生间 3.24m
餐厅 7.08m²
卫生间 3.02m²
主卧室 11.83m²
起居室 16.65m²
起居室 13.48m²
卧室 9.49m²
起居室 19.63m²
阳台 4.32m²
雨篷 仅二层设
厨房 6.50m²
主卧室 12.60m²
主卧室 12.00m²
阳台 7.54m²
阳台 3.44m²
R17472
15700
3900
1500
1800
3300
1500

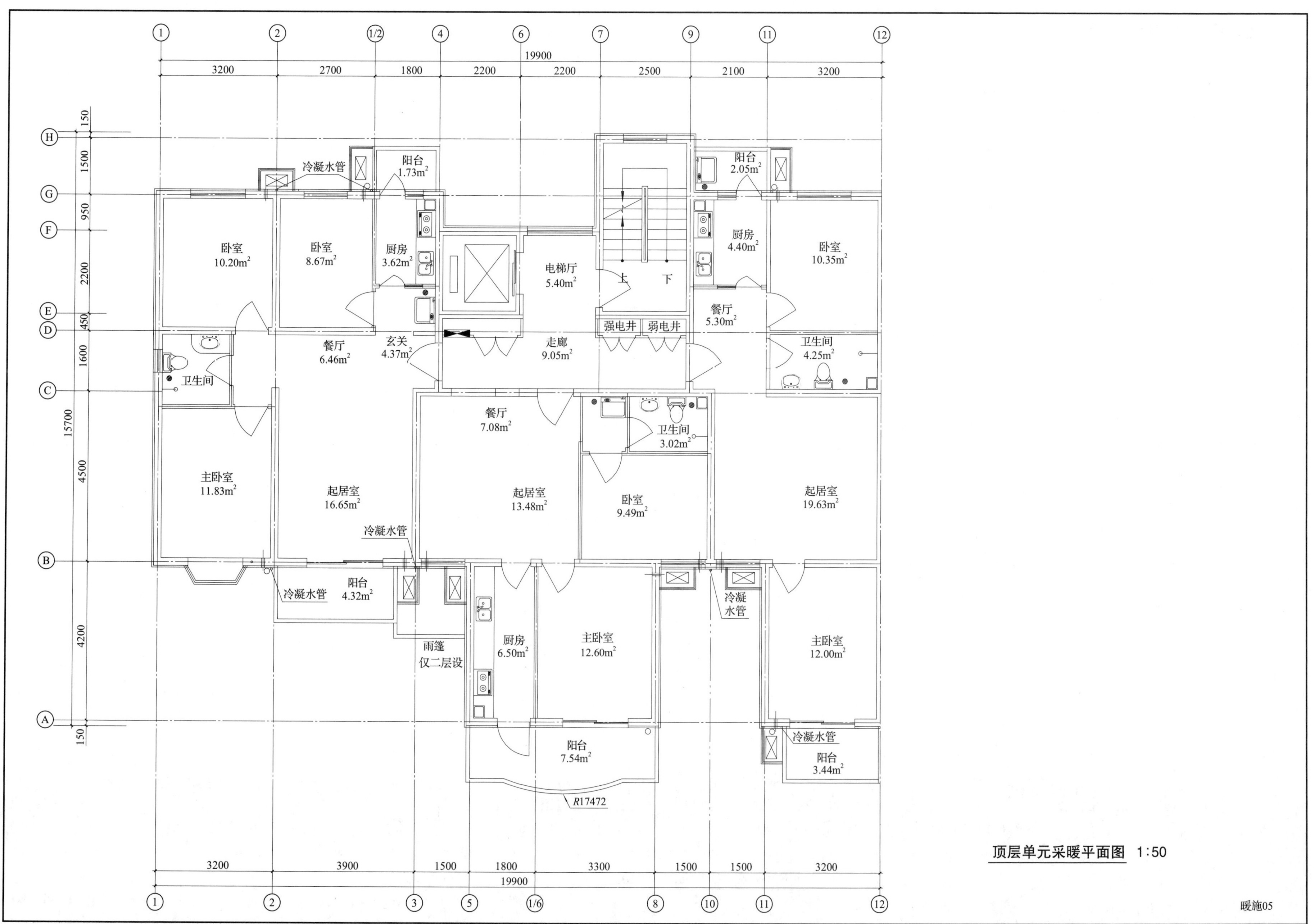

顶层单元采暖平面图 1:50
卧室 10.20m²
卧室 8.67m²
厨房 3.62m²
阳台 1.73m²
冷凝水管
电梯厅 5.40m²
上
下
强电井
弱电井
阳台 2.05m²
厨房 4.40m²
卧室 10.35m²
餐厅 5.30m²
卫生间 4.25m²
卫生间
餐厅 6.46m²
玄关 4.37m²
走廊 9.05m²
餐厅 7.08m²
卫生间 3.02m²
主卧室 11.83m²
起居室 16.65m²
起居室 13.48m²
卧室 9.49m²
起居室 19.63m²
阳台 4.32m²
雨篷 仅二层设
厨房 6.50m²
主卧室 12.60m²
主卧室 12.00m²
阳台 7.54m²
阳台 3.44m²
R17472
19900
3200
2700
1800
2200
2200
2500
2100
3200
3900
1500
1800
3300
1500
1500
15700
150
1500
950
2200
450
1600
4500
4200

## 五、电气施工图识读实例

1．内容

根据教材中的内容完成：地下室电源干线平面图（电施 09）、地下室照明平面图（电施 10）、地下室消防报警平面图（电施 12）、单元首层照明平面图（电施 15）、单元首层弱电平面图（电施 16）、避雷装置平面图（电施 22）中的电气系统。

2．要求

按 A2 图幅的规格，正确使用绘图工具，先画出各张图纸的建筑轮廓，再画出电气系统（可以按照教材中的图纸描绘，也可以自行设计）。

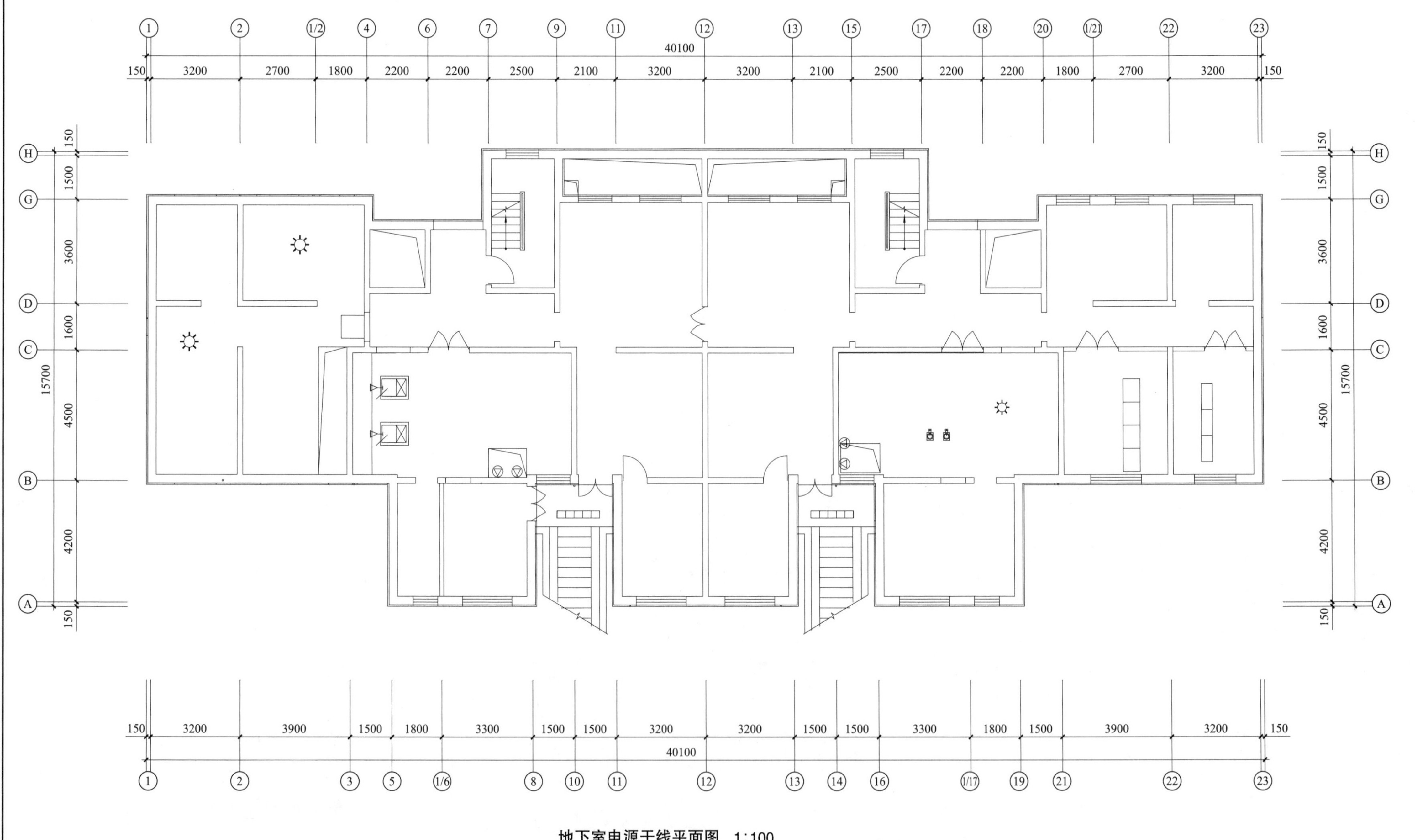


地下室电源干线平面图　1:100

电施09

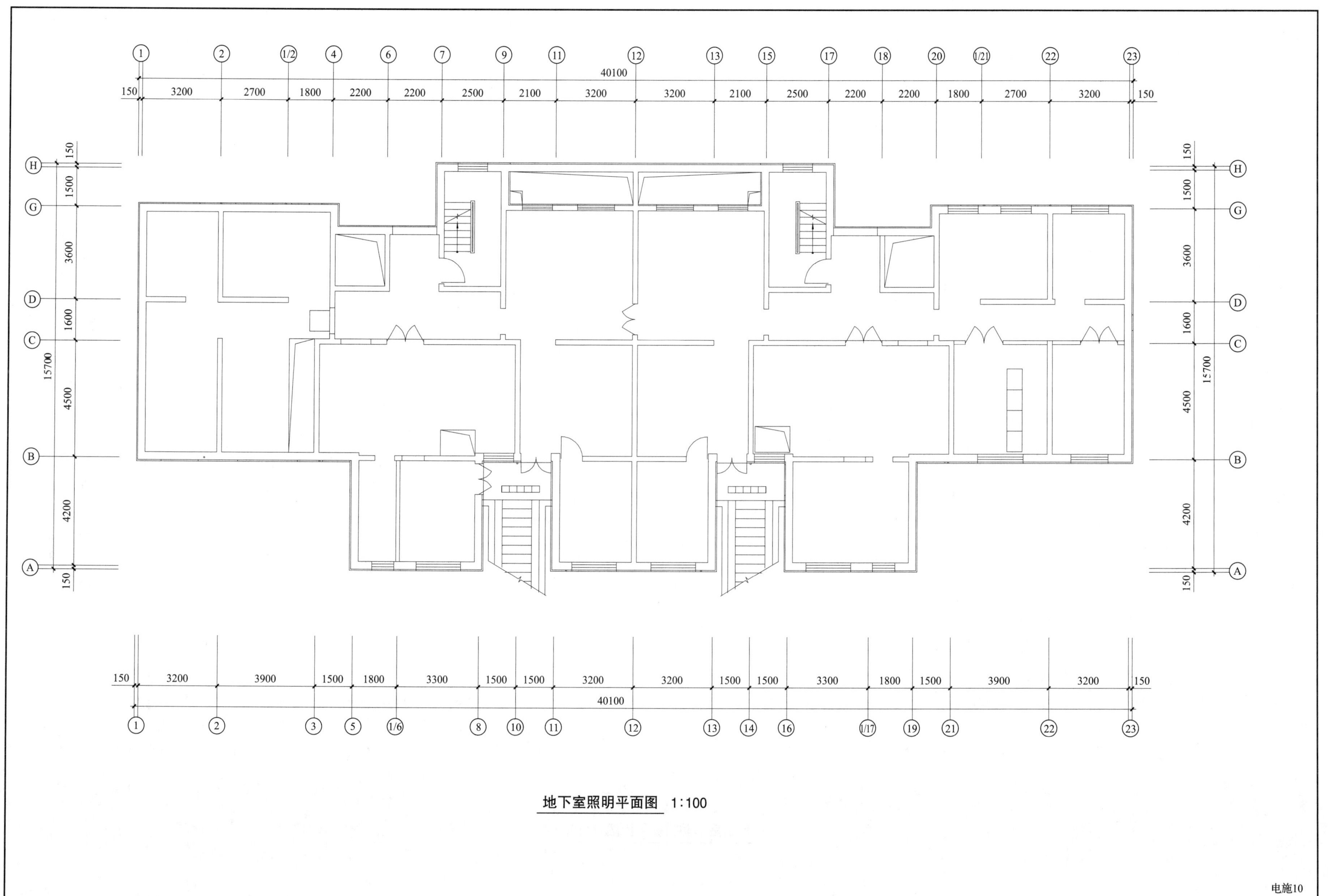

地下室照明平面图 1:100

电施10

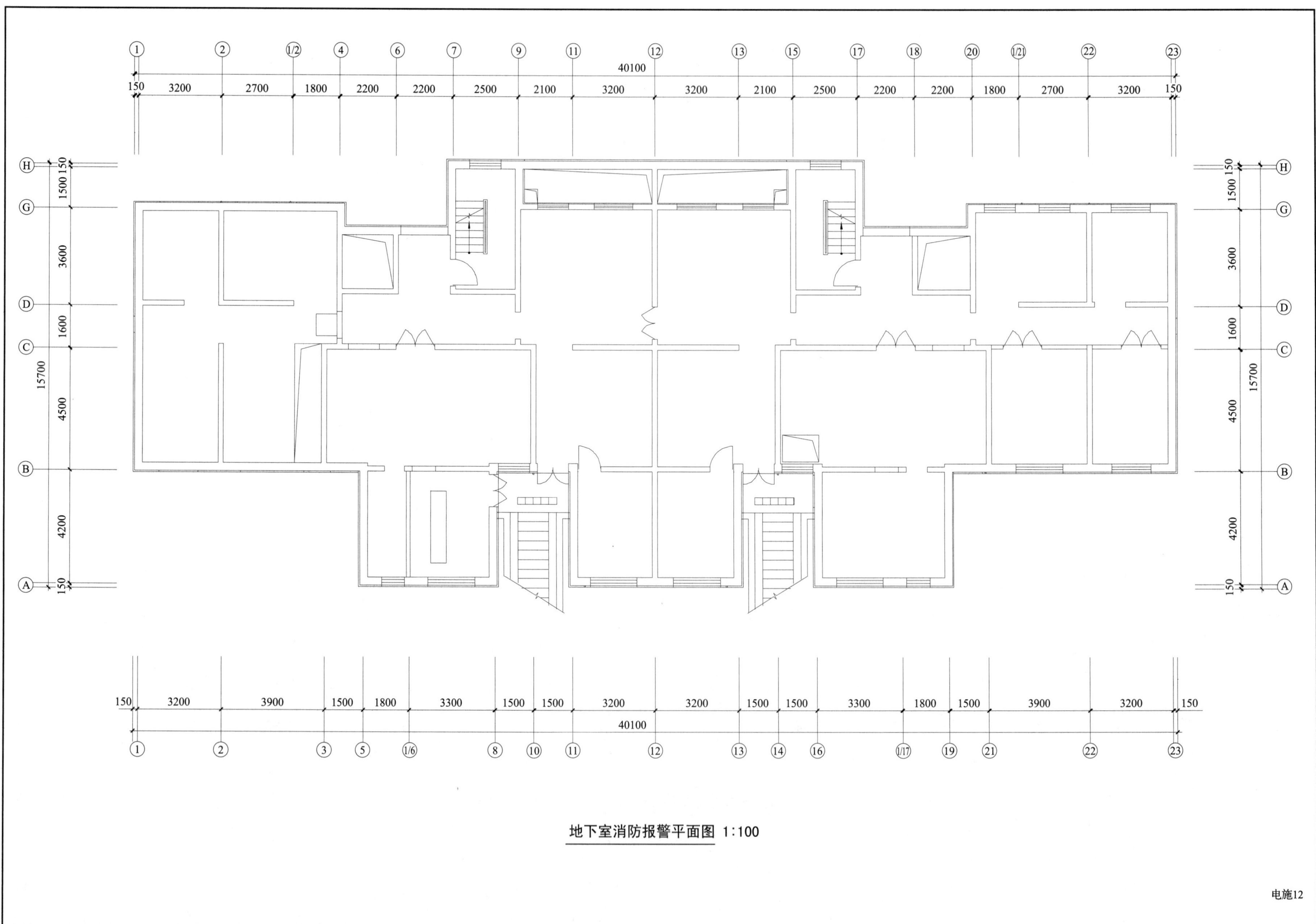
地下室消防报警平面图 1:100
电施12

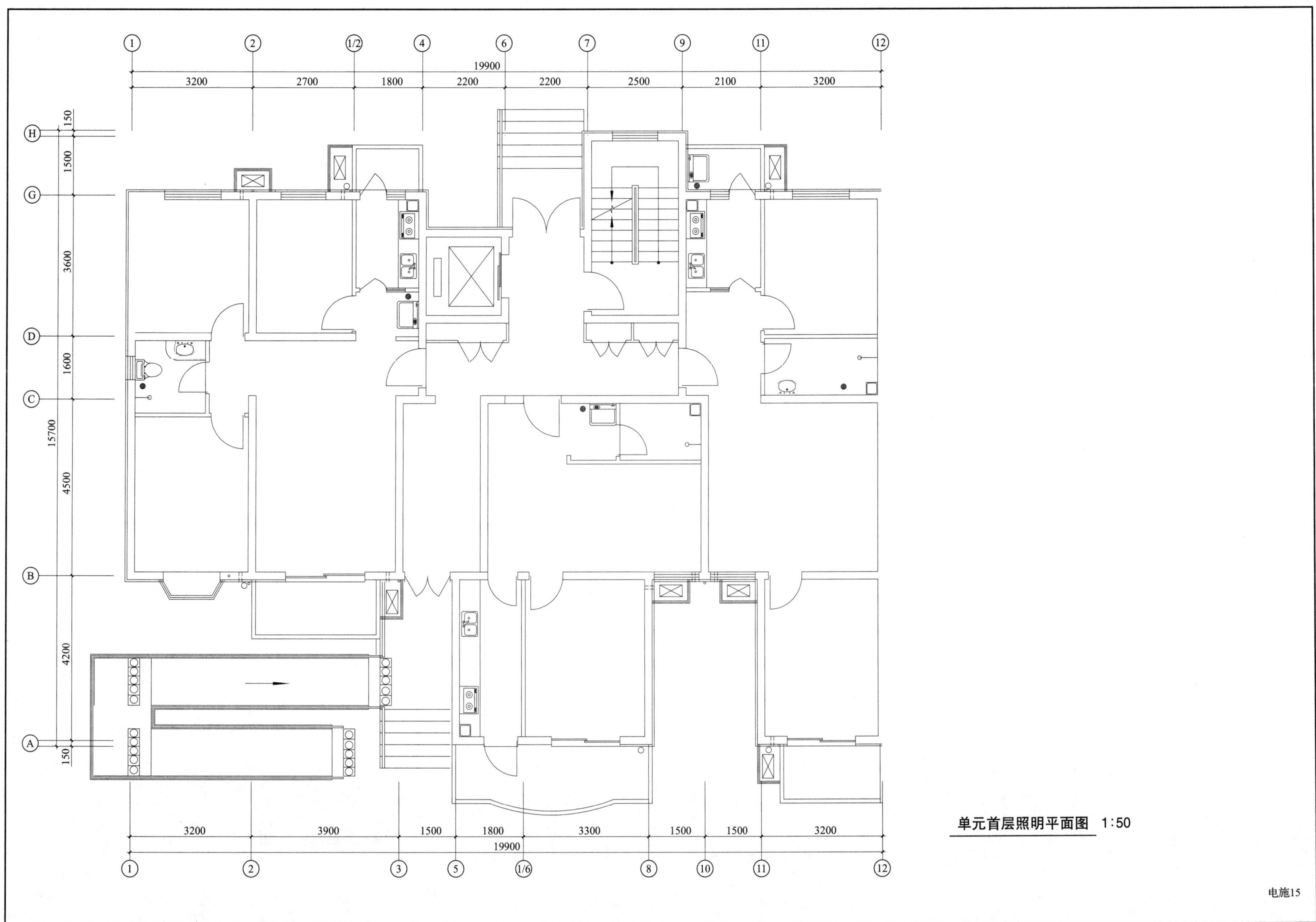
19900
3200
2700
1800
2200
2200
2500
2100
3200
150
1500
3600
1600
15700
4500
4200
150
3200
3900
1500
1800
3300
1500
1500
3200
19900
单元首层照明平面图 1:50
电施15

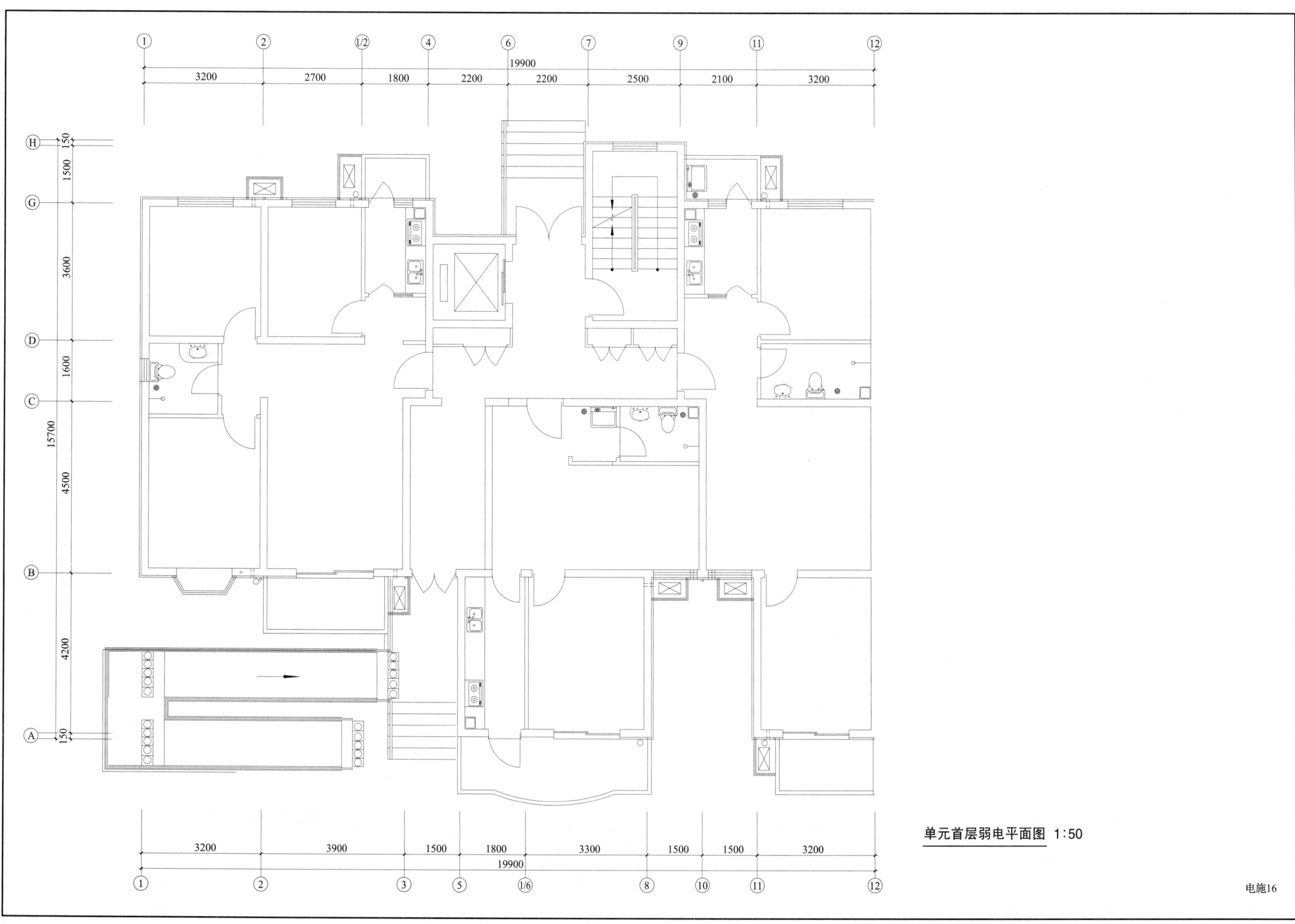

单元首层弱电平面图 1:50
电施16

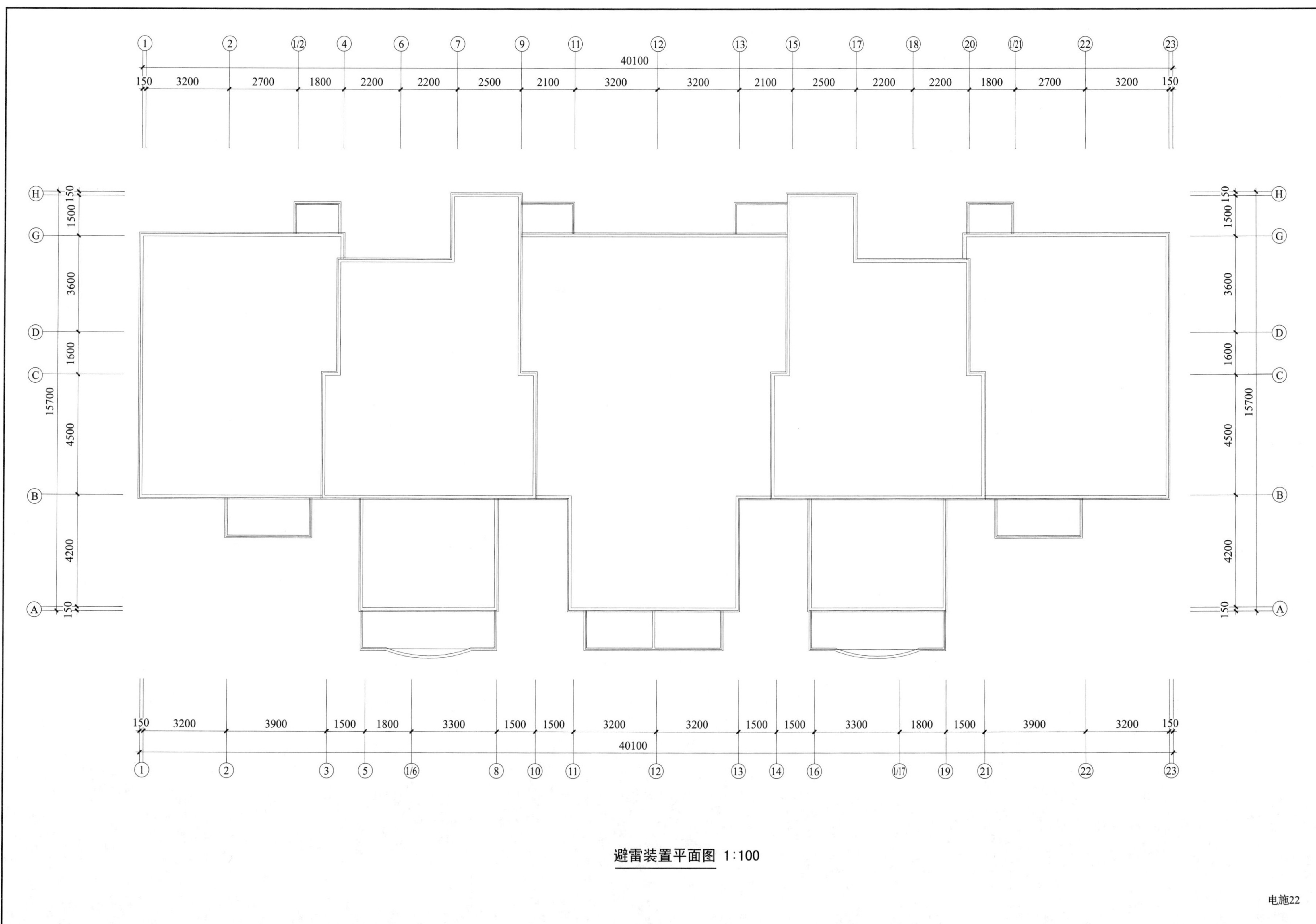


避雷装置平面图 1:100

电施22